Georg Simon Klügel

Anfangs-Gründe der Astronomie

Georg Simon Klügel

Anfangs-Gründe der Astronomie

ISBN/EAN: 9783744720328

Hergestellt in Europa, USA, Kanada, Australien, Japan

Cover: Foto ©berggeist007 / pixelio.de

Weitere Bücher finden Sie auf **www.hansebooks.com**

Anfangsgründe
der
Astronomie,
nebst der

mathematischen Geographie,
Schifffahrtskunde, Chronologie
und
Gnomonik.

Von
Georg Simon Klügel,
Professor der Mathematik und Naturlehre
zu Halle.

Mit drey Kupfertafeln.

Berlin und Stettin,
bey Friedrich Nicolai.
1793.

Vorrede.

Diese Anfangsgründe der Astronomie und der davon abhängenden Wissenschaften sind ein besonderer Abdruck eines Hauptstücks aus dem dritten Theile der zweyten Auflage meiner Encyclopädie, um der aus dem zweyten Theile desselben Werkes gleichfalls besonders abgedruckten Naturlehre zur Folge zu dienen, und mit dieser ein Ganzes über die Naturwissenschaft auszumachen. Ich hoffe auch dadurch denjenigen Lehrern einen Gefallen zu erweisen, welche die Astronomie etwas ausführlicher vortragen wollen, ohne sich auf schwe-

Vorrede.

schwere Rechnungen einzulassen. Nach der Absicht bey diesem Abdrucke wäre es freylich nicht nöthig gewesen, die angewandte Astronomie beyzufügen; allein eine zur Astronomie gehörige Figur, die auf der dritten Tafel noch befindlich ist, nöthigte mich diese Tafel anzuhängen, und um der übrigen Figuren willen dem dazu gehörigen Texte einen Platz einzuräumen.

Ich bemerke nur noch, daß ich zwar den Plan dieser Abhandlung aus der ersten Ausgabe der Encyclopädie beybehalten, aber viele Zusätze, in welchen die neuesten Entdeckungen beschrieben sind, beygefügt, und außerdem manche Verbesserungen gemacht habe.

Auf der Tabelle 161—164. l. tropische kleiner um 20′ 23″.

Die Aſtronomie.

Die Astronomie,
mit
den davon abhängenden Wissenschaften.

§. Dem ersten Anblicke nach scheint es unmöglich, die Gestalt und Lage der Laufbahnen der Himmelskörper, die Zeiten, in welchen sie ihre Bahnen vollenden, die Richtungen des Laufs und die Geschwindigkeiten für jeden Augenblick, ihre Stellungen gegen einander, ihre scheinbaren Zusammenkünfte, Verfinsterungen und Bedeckungen, ihre Größe, Gestalt, Dichtigkeit und Masse, die gegenseitigen Wirkungen ihrer Kräfte auf einander, und die Gesetze ihrer Bewegungen zu erforschen. Dennoch ist man durch Geometrie, hohe Rechenkunst und Mechanik dahin gelangt, alles dieses und mehreres unerforschlich scheinendes mit sehr großer Genauigkeit anzugeben. Nirgends entwickeln wir die Wirkungen der Natur so deutlich als am Himmel. Ein großes einfaches Gesetz regiert alle Bewegungen. Nichts fehlt uns, als nur noch die innere Natur der Kräfte selbst zu kennen.

Keine Wissenschaft ist zu dem Grade der Vollkommenheit gebracht, dessen sich die Astronomie rühmen darf. Nur vor hundert Jahren etwa fing sie erst an, sich demselben zu nähern. So langsam ist der Fortgang der menschlichen Kenntnisse, aber auch bewundernswürdig schnell, wenn man einmal auf dem rechten Wege ist. Dreytausend und mehr Jahre sind nöthig gewesen, den Grund zur Astronomie zu legen. In einem Jahrhunderte hat man das Gebäude fast ganz aufgeführt.

Der mannigfaltige Nutzen, den die astronomischen Wissenschaften einem Staate schaffen, hat verursacht, daß die Regierungen in den neuern Zeiten sie vorzüglich begünstigt haben. Allein, wenn man den Nutzen der Wissenschaften nicht bloß darauf einschränkt, daß sie unsern physischen Bedürfnissen abhelfen sollen, sondern sie als die edelste und angenehmste Unterhaltung des Geistes ansieht, wodurch auch unsere moralische Natur theils unmittelbar, theils mittelbar verbessert werden soll, so behauptet in dieser Absicht die Astronomie einen ganz vorzüglichen Rang. Mit kühnem Fluge die Himmel durchstreichen, den Weltkörpern ihre Wege gewissermaaßen vorschreiben, ist für Verstand und Einbildungskraft eine der erhabensten und befriedigendsten Beschäfftigungen. Selbst für das Herz ist diese Wissenschaft wohlthätig. Die unumschränkte Macht und Weisheit des Schöpfers zeigt sie uns am deutlichsten; sie giebt uns Flügel, uns dem Urheber unsers Daseyns und so vieler unzähligen Welten zu nähern.

Ich will mich bemühen, die Lehren der Astronomie, so weit sie keine tiefsinnige Kenntniß der Mathematik erfordern, dem Leser begreiflich zu machen, und ihn von den scheinbaren Bewegungen der Himmelsmelskörper zu der Entwickelung der wahren und zur Erforschung der physischen Gesetze derselben zu leiten. Der genaue Zusammenhang aller Lehren wird etwas Anstrengung erfordern. Ich hoffe, daß bey einer zweyten Durchlesung alles vollkommen deutlich seyn werde. Bey der ersten wolle der Leser allenfalls nur auf die Resultate der mathematischen Schlüsse Acht geben, um das Ganze zuerst zu fassen.

Erster Abschnitt.
Scheinbare Bewegungen der Himmelskörper.

I. Die tägliche Bewegung.

1. Die Himmelskörper scheinen sich an der Fläche eines großen Gewölbes zu befinden, welches unsere Erde von allen Seiten umgiebt. Der größte Theil derselben, die Firsterne, verändern ihre Lage gegeneinander nicht, oder nur fast unmerklich wenig und sehr langsam. Sechs ihnen an Licht und Größe ähnlich scheinende Körper, die Planeten, so wie auch die Sonne und der Mond, verändern ihren Stand, theils langsamer, theils geschwinder. Einige, die Kometen, erscheinen nur auf kurze Zeit.

2. In Ansehung unserer haben alle diese Körper eine gemeinschaftliche tägliche Bewegung. Die Sonne wird des Morgens in Osten sichtbar, durchläuft den Himmel in einem bald höhern bald niedrigern Kreisbogen, und geht in Westen unter. Eben so der Mond. Die Firsterne beschreiben auch täglich Kreisbo-

bogen am Himmel, diejenigen, welche nicht weit von Süden aufgehen, nur kleine, andere beschreiben grössere Bogen; und in Norden ist ein Theil des Himmels, dessen Sterne einen ganzen Kreis beschreiben, so daß sie niemals untergehen. Diese Kreise werden immer kleiner, je näher sie einem gewissen Sterne, der sich fast gar nicht zu bewegen scheint, dem Polarsterne, kommen.

3. Es drehet sich also die große Himmelskugel um eine Linie, die man sich von unserm Standorte nach einem unbeweglichen Puncte des Himmels, nahe bey dem Polarsterne, in Gedanken ziehen muß. Am deutlichsten wird man sich die Erscheinungen der täglichen Bewegung an einer künstlichen Himmelskugel zeigen lassen. Hier muß man sich mit einer Zeichnung behelfen. Es sey (Fig. 1.) PSpNP ein Kreis, durch dessen Umdrehung um die Linie Pp eine Kugel beschrieben wird, die uns hier die Himmelskugel abbildet. In dem Mittelpuncte C sey das Auge, P stelle den unbeweglichen Punct des Himmels vor. Dieser Punct heißt der Nordpol. Der ihm entgegengesetzte p uns unsichtbare, heißt der Südpol. Die Linie Pp ist die Axe der Himmelskugel. Die länglichrunde Figur NOSW stellt den Gesichtskreis oder den Horizont vor, welcher den sichtbaren Theil des Himmels von dem darunterliegenden abschneidet. Der Punct Z, der gerade über unserm Haupte sich befindet, oder derjenige, nach welchem die Richtung eines freyhängenden Gewichts geht, wird das Zenith genannt, so wie der ihm entgegengesetzte n, unter unsern Füßen, das Nadir. Sie sind die Pole des Horizonts. Der Kreis PZpnP, der durch die Pole und das Zenith geht, heißt der Mittagskreis, oder der Meridian, weil sich die Sonne zu Mittage in ihm befindet. Jedes Gestirn ist über dem Horizont am höchsten erhaben,

ben, wenn es im Meridian steht. Die Durchschnittspuncte dieses Kreises mit dem Gesichtskreise, S, N, heißen jener **Süd**, dieser **Nord**. Die beiden zwischen ihnen in der Mitte liegenden, um 90 Grad von jedem entfernten Puncte des Horizonts O, W, heißen **Ost** und **West**. Der Durchschnitt SN der Meridianfläche mit der Horizontfläche eines Ortes heißt die **Mittagslinie**.

4. Man halbire die beiden Halbkreise PZp, PNp in A und B, und lege durch diese einen Kreis AOBW, dessen Fläche senkrecht auf die Axe Pp steht. Dieser Kreis, der durch den Mittelpunct der Himmelskugel geht, theilt dieselbe in zwey gleiche Theile, in die nördliche Halbkugel auf der Seite des Nordpols P, und die südliche auf der Seite des Südpols p. Er heißt der **Aequator**, weil, wenn die Sonne in ihm sich befindet, Tag und Nacht gleich sind. Die kleinern mit ihm parallel liegenden Kreise heißen **Parallelkreise**. Jedes Gestirn beschreibt bey der täglichen Umdrehung des Himmels den Äquator, oder einen Parallelkreis. Ist das erstere, so hält es sich über dem Horizonte so lange auf, als darunter, weil der Äquator von dem Horizonte in O und W halbirt wird. Beschreibt es einen südlichen, wie EaDbE, so ist es eine längere Zeit unsichtbar als sichtbar, weil der Bogen bEa unter dem Gesichtskreise größer ist, als der über demselben befindliche aDb; beschreibt es aber einen nördlichen Parallelkreis, wie GcFdG, so geschieht das Gegentheil, weil hier der Bogen cFd oberhalb des Horizontes größer ist als der Bogen dGc unter demselben. Es kann auch beständig über dem Horizonte bleiben, wenn der Parallelkreis HI dem Pole P so nahe liegt, daß er von dem Horizonte nicht geschnitten wird, so wie es aus einer ähnlichen Ursache niemals über den Horizont eines Orts hervorkom-

men kann, wenn es einen Parallelkreis wie KL beschreibt.

5. Der Winkel PCN der Weltaxe mit dem Horizonte, oder der Bogen PN, heißt die Polhöhe, und der Bogen SA die Höhe des Aequators. Beide machen zusammen 90 Grad aus, weil AP ein Quadrant ist. Der Bogen AZ vom Äquator bis zum Zenith ist dem Bogen PN oder der Polhöhe gleich, weil beide mit ZP einen Quadranten ausmachen — Die Polhöhe von Berlin ist 52° 31′ 30″, also die Höhe des Äquators 37° 28′ 30″.

6. Ein Kreis durch das Zenith Z senkrecht auf den Horizont nosw (Fig. 2.) gezogen, heißt ein **Verticalkreis**, wie ZSA. Die Bogen dieser Verticalkreise vom Horizonte an gerechnet, messen die **Höhe eines Gestirns**. Als, es sey in S ein Stern, so ist der Bogen AS die Höhe desselben, SZ seine Entfernung vom Zenith. Die Höhe eines Gestirns ist keine Linie, sondern ein Winkel, derjenige, welchen die Linie SC von demselben nach dem Beobachter in C mit der horizontalen CA in der senkrechten Ebene ZCSA macht. Die Bogen, wie SA, werden hier nur als Maaßen der Winkel gebraucht.

Überhaupt ist die Größe der Kreise, welche wir an der scheinbaren Himmelskugel ziehen, unbestimmt. Wir wollen hier nur die Lage der nach den Himmelskörpern gezogenen Linien angeben, nicht die Länge der Linien selbst. Auf der Oberfläche einer Kugel, sie sey so groß oder klein als man will, läßt sich sehr bequem die Lage der Linien bezeichnen, welche aus dem Mittelpuncte von einer unbestimmten Länge gezogen sind. So gebraucht man bey Linien, die in einer Ebene liegen, den Kreis, die Winkel am Mittelpuncte anzugeben, wobey die Größe des Kreises ganz

will-

willkührlich ist. Pol, Zenith, Durchschnittspunct zweyer Kreise, sind nicht Puncte in einer bestimmten Entfernung, sondern in einer bestimmten Richtung.

7. Die Messung der Höhen ist eine der öftersten und wichtigsten Beobachtungen in der Astronomie. Man gebraucht dazu ein Werkzeug, das man einen Quadranten nennt. Es enthält dieses einen in Grade und kleinere Theile eingetheilten Viertelbogen des Kreises AB (Fig. 3.). Das Instrument ist auf einem Gestelle um den Mittelpunct seiner Schwere beweglich. Längs des einen Halbmessers AC ist ein Fernrohr befestigt, dessen Mittellinie genau parallel mit der Linie durch den Mittelpunct C des Bogens und den ersten Theilungspunct in A seyn muß. In dem Brennpuncte des Objectivs kreuzen sich ein paar Fäden, damit das Auge den Mittelpunct des Gesichtsfeldes (Campus) bemerken könne. An C hängt ein mit einem Gewichte beschwerter Faden, CD herab. Wird nun das Fernrohr AC nach einem Sterne S gerichtet, daß derselbe hinter dem Durchschnitte der Fäden erscheint, so ist CD nach dem Zenith gerichtet, und ACD oder der Bogen AE ist die Entfernung vom Zenith, so wie BCE oder BE die Höhe des Sterns ist. Bey der Sonne und dem Monde mißt man die Höhe des obern oder des untern Randes, und zieht von jener die Hälfte des Winkels ab, unter welchem der Durchmesser dieser Körper erscheint, oder addirt sie zu der Höhe des untern Randes, um die Höhe des Mittelpuncts zu erhalten. — Die Verfertigung eines solchen Instruments mit der gehörigen Genauigkeit ist schwer. Eines von $2\frac{1}{2}$ Fuß im Halbmesser kostet gegen 500 Rthlr. Man hat mehrerley Vorrichtungen daran, als hier beschrieben sind.

8. Der Bogen des Horizonts sA (Fig. 2.) zwischen dem Meridian sZPn und dem Verticalkreise des

Gestirns ASZ, giebt die Lage des Verticalkreises gegen den Meridian oder den Winkel dieser beiden Kreise sZA an. Man nennt diesen Winkel das Azimuth des Gestirns. Die Höhe und das Azimuth bestimmen die Lage eines Gestirns in Absicht auf den Horizont. Die Messung des Azimuths macht Schwierigkeiten, und ist meistens entbehrlich, weil es sich durch andere Größen finden läßt. — Das berechnete Azimuth der Sonne für irgend einen Zeitpunct dient, die Abweichung der Magnetnadel zu finden. Denn dieses Azimuth ist der Winkel der Schattenlinie CA eines senkrechten Stabes ZC mit der Mittagslinie sC. Mißt man nun auch den Winkel, welchen die Schattenlinie mit der Richtung der Magnetnadel macht, so giebt der Unterschied beider Winkel die Abweichung der Magnetnadel.

9. Die **Polhöhe** zu erfahren, suche man einen von den nie untergehenden Sternen aus, messe desselben kleinste Höhe IN (Fig. 1.) und die größte HN, wenn er durch den Meridian geht. Der Unterschied dieser Höhen HI halb genommen giebt den Bogen HP oder PI, welchen man zu der kleinern Höhe NI addirt, oder von der größern subtrahirt, und dadurch die Polhöhe PN bekömmt.

10. Die Stelle eines jeden Sterns am Himmel in Absicht auf den Äquator bestimmt man auf folgende Art. Es sey (Fig. 4.) durch den Stern S und die Pole P, p ein Kreis gezogen, welcher den Äquator ADB in D schneide. Der Bogen DS, oder der Winkel DCS am Mittelpuncte der Himmelskugel, ist die Abweichung oder die **Declination** des Sterns, in der Figur nördlich. Sie ist südlich, wenn der Stern sich auf der andern Seite des Äquators befindet. Der Kreis PSDp heißt ein **Declinationskreis.** Man
er-

erfährt die Abweichung eines Gestirns, wenn man die Höhe desselben HF im Meridian PZHN beobachtet. Die Puncte H, R sind hier diejenigen, wo der Horizont den Meridian schneidet. Die Abweichung ist der Unterschied dieser Höhe und der Höhe des Äquators HA. Die Stellen vieler Sterne genau zu beobachten, hat man besondere große, an einer Mauer in der Mittagsfläche befestigte Quadranten, die 1000 bis 2000 Rthlr. kosten. — Umgekehrt kann man aus der Abweichung eines Gestirns die Höhe des Äquators und daraus die Polhöhe erfahren.

11. Die Abweichung allein bestimmt den Ort eines Gestirns nicht. Man muß auch den Punct D angeben können, wo der Declinationskreis den Äquator schneidet. Man ist übereingekommen, den Punct des Äquators E, wo sich die Sonne in der Frühlingsnachtgleiche befindet, für den Anfangspunct zu nehmen, von welchem man die Bogen ED von Abend gegen Morgen zu rechnet. Dieser Bogen ED oder der Winkel ECD heißt die Rectascension oder gerade Aufsteigung des Gestirns.

12. Wie man die Rectascension selbst erfahre, kann noch nicht gelehrt werden. Den Unterschied der Rectascensionen zweyer Gestirne kann man mittelst einer genauen Uhr durch die Beobachtung der Zeiten, wenn sie durch den Meridian gehen, erfahren. Es sey in s ein andrer Stern, dessen Declination sd, die Rectascension Ed. Man beobachte heute die Zeit, zu welcher S durch den Meridian geht, z. E. 10 U. 48′ Abends, und die Zeit des Durchganges für s, welche 4 U. 15′ den folgenden Morgen sey, den nächsten Tag gehe jener um 10 U. 44′ durch den Meridian. Der Himmel dreht sich also nach der Uhr in 23 St. 56 Min. um die Erde, und der Bogen des Äqua-

Aequators Dd zwischen den Declinationskreisen der beiden Sterne gebraucht 5 St. 27' durch den Meridian zu gehen. Nun schließe man nach der Regel de tri, wie 23 St. 56' zu 5 St. 27', so 360 Grad (als der ganze Aequator) zu dem Bogen Dd, welcher 81° 59' ist. Diese 81° 59' sind der Unterschied der Rectascension beyder Gestirne.

Zu diesen Beobachtungen muß das Instrument, welches ein bloßes Fernrohr ohne Quadrant (Lunette de passage) seyn kann, in der Mittagsfläche gestellt seyn.

13. Die Mittagslinie zu finden, beschreibe man (Fig. 5.) auf einer horizontalen Ebene einige concentrische Kreise, stelle in ihrem Mittelpuncte A eine Stange senkrecht, und beobachte Vormittags und Nachmittags die Puncte B und C, wo das Ende des Schattens in einen dieser Kreise fällt. Man halbire den Bogen BC in M, so ist AM die gesuchte Mittagslinie. Eben dieses Verfahren nimmt man, der Sicherheit wegen, noch mit einem oder anderm Kreise, als bey b und c, vor.

14. Auch ohne ein in dem Meridian gestelltes Fernrohr kann man die Zeit des Durchgangs durch den Meridian beobachten, wenn man vor und nach demselben zwey Zeiten bemerkt, da das Gestirn gleiche Höhen hat. Denn beide sind von der Zeit des Durchganges gleich entfernt. Z. E. ein Stern hatte um 9 U. 8' Ab. und um 1 U. 12' M. gleiche Höhen, so ist er um 11 U. 10' durch den Meridian gegangen. Durch dergleichen Beobachtungen wird die Stellung eines Mäuerquadranten und Meridian = Fernrohrs berichtigt. Allein das Gestirn muß seinen Ort am Himmel nicht verändert haben, oder man muß die Veränderung mit in Rechnung bringen. Dieses Verfahren heißt, correspondirende Höhen nehmen.

II.

II. Scheinbarer Lauf der Sonne.

15. Die Sonne verändert alle Tage ihren Stand am Himmel mit bestimmten wiederkehrenden Abwechselungen. Zur Zeit des längsten Tages steht sie in unsern Gegenden zu Mittag hoch am Himmel; hernach nimmt diese Höhe allmählig ab, wird der Höhe des Äquators zur Zeit der Nachtgleiche gleich, hernach noch kleiner, bis auf eine gewisse Gränze zur Zeit des kürzesten Tages, und fängt von da an wieder zuzunehmen. Die Stellen des Horizonts, wo sie im Sommer auf= und untergeht, liegen nach Norden, so wie des winterlichen Auf= und Untergangs nach Süden. Nur um die Nachtgleichen geht sie gerade in Osten auf und in Westen unter.

16. Man bemerke in der Gegend, wo die Sonne untergegangen ist, irgend einen Stern, so wird man ihn nach wenig Tagen nicht mehr finden, weil er schon mit der Sonne untergegangen ist, so wie hingegen diejenigen Sterne, die des Morgens kurz vor der Sonne bey dem Aufgangspuncte sichtbar werden, nach einigen Wochen schon merklich früher aufgegangen sind. Überhaupt gehen alle Sterne mit jedem Tage früher auf und früher unter. Nach einem Jahre fangen alle die gedachten Erscheinungen wieder ihren vorigen Lauf an.

17. Die Sonne scheint also am Himmel jährlich von Abend gegen Morgen einen Kreis zu beschreiben, dessen eine Hälfte diesseits des Äquators, die andere jenseits liegt. Er heißt die **Sonnenbahn** oder die **Ekliptik**. Die Durchschnitte desselben mit dem Äquator heißen die **Aequinoctialpuncte** oder die **Puncte der Nachtgleiche**, weil zu der Zeit, da die Sonne sich in ihnen befindet, Tag und Nacht gleich sind, da der tägliche Kreis der Äquator ist (4). Der Kreis

AOBW (Fig. 6.) stellt den Äquator vor, FOEW die Ekliptik, welche den Äquator in W und O schneidet. In W ist die Sonne zur Frühlingsnachtgleiche, in O in der Herbstnachtgleiche. Dort steigt sie über den Äquator hinauf, hier senkt sie sich unter denselben hinab. So wie die Sonne von W nach F fortrückt, werden die Bogen der täglichen Parallelkreise, die sie beschreibt, über dem Horizonte immer größer und die Tage länger (4.); hat sie den vierten Theil ihrer Bahn WF beschrieben, so ist ihre Abweichung in F am größten, und die Tage sind am längsten. Der Punct F heißt der **Sommerstillstandspunct**. Von da nehmen mit der Abweichung die Tage wiederum ab, bis sie in dem herbstlichen Durchschnitte der Ekliptik mit dem Äquator O den Nächten gleich werden. Wenn die Sonne den südlichen Theil ihrer Bahn beschreibt, so sind die Tage alle kürzer als die Nächte; am kürzesten, wenn die Sonne in dem **Winterstillstandspuncte** in E ist, der ebenfalls um 90 Grad von den Nachtgleichen absteht. Die Parallelkreise, welche durch die Stillstandspuncte gehen, heißen die **Wendekreise**, der durch den Sommerstillstandspunct F der **Wendekreis des Krebses**, der durch den Winterstillstandspunct E der **Wendekreis des Steinbocks**. Diese Kreise sind die (Fig. 1.) gezeichneten FG, DE. Man lege nemlich Fig. 1, auf Fig. 6, so daß die mit einerley Buchstaben bezeichneten Puncte auf einander fallen. Alsdenn sind FG und DE die Wendekreise. Die Puncte I, K, (Fig. 6.) welche in einer auf die Ekliptik durch den Mittelpunct C senkrechten Linie ICK liegen, und von allen Puncten der Ekliptik gleich weit abstehen, sind die **Pole der Ekliptik**. Diese beschreiben bey der täglichen Umdrehung der Erde die **Polarkreise** IH, KL (Fig. 1.), um die Pole P, p des Äquators. Der Kreis PWpO
(Fig.

(Fig. 6.), welcher durch die Pole des Äquators und die Nachtgleichen geht, heißt der Colurus der Nachtgleichen; der Kreis PFpE, welcher durch die Pole des Äquators und die Stillstandspuncte F, E geht, der Colurus der Stillstandspuncte.

18. Die Neigung der Ekliptik gegen den Äquator, oder der Winkel ACF der beiden Linien AC, FC, welche in dem Äquator und der Ekliptik senkrecht auf ihren Durchschnitt OW gezogen sind (Geom. 168.), wird durch die größte Abweichung der Sonne zur Zeit des Stillstandes, AF oder BE, gemessen. Oder man beobachtet auch die größte und kleinste Sonnenhöhe, und nimmt die Hälfte ihres Unterschiedes. Dadurch findet man die gegenwärtige Neigung oder Schiefe der Ekliptik 23° 27′ 57″ oder 23° 28′. Vor 2000 Jahren war sie beynahe 24°.

19. Die Lage der Nachtgleichen zu bestimmen, bedient man sich am besten folgender Methode. Es stellt (Fig. 6°) WO die eine Hälfte des Äquators, WFO die Ekliptik, und zwar die nördliche Hälfte vor; AF die größte Abweichung. Zu irgend einer Zeit vor dem Stillstande, da die Sonne in C ist, und ihre Rectascension WB, beobachtet man den Unterschied der Rectascensionen zwischen der Sonne und einem Sterne; nach dem Stillstande, wenn die Sonne in E eine Abweichung ED hat, welche der CB in C gleich ist, beobachtet man wieder den Unterschied der Rectascension von demselben Sterne. Dieser ist nun um BD größer oder kleiner als zur Zeit der ersten Beobachtung. Die Hälfte von BD ist aber BA oder AD, der Abstand von dem Colurus der Stillstandspuncte, der durch AF geht. Das Complement dieser Hälfte zu 90 Gr. ist WB, die Rectascension der Sonne zur Zeit der ersten Beobachtung. Aus dieser ist nun auch die

Recta=

Rectascension des ausgesuchten Sterns bekannt, und dadurch läßt sich nunmehr die Rectascension eines jeden andern Gestirns finden, wenn man den Unterschied der Rectascension dieses und jenes Sternes oder eines andern der Lage nach bekannten sucht (12).

Weil die Sonne bey der zweyten Beobachtung zu Mittage nicht genau dieselbe Abweichung hat, wie bey der ersten, so beobachtet man mehrere Tage hinter einander die Höhe der Sonne, und den Unterschied der Rectascensionen, um aus der Veränderung der Höhen die Zeit zu schließen, zu welcher die Abweichung genau der CB gleich war, und wie groß man zu derselben den Unterschied der Rectascension von dem Sterne annehmen müsse.

20. Die Zeit, in welcher die Sonne ihren Umlauf am Himmel vollendet, oder die *Länge des Jahrs*, findet man, wenn man den Augenblick sucht, in welchem die Sonne dieselbe Abweichung in demselben Viertheile der Ekliptik hat, als sie vor einem Jahre hatte. Weil die Sonne heute über ein Jahr zu Mittage nie dieselbe Abweichung hat, die sie heute Mittag hat, so muß man sich eben der Reduction wie in (19.) bedienen. Man nimmt aber gern zwey weit von einander entfernte Beobachtungen, und dividirt den Zwischenraum der Zeit durch die Anzahl der verflossenen Jahre, um die beym Beobachten begangenen Fehler auf mehrere Jahre zu vertheilen. Die *Länge des Jahrs* ist nach den neuesten Bestimmungen 365 T. 5 St. 48 M. 48 Sec.

21. Zu den Beobachtungen des Laufs der Sonne bedient man sich, ehemals mehr als jetzt, der Gnomons, welches eigentlich senkrechte Stifte oder Stangen bedeutet, die Länge des Schattens dadurch zu beobachten. Um sie sehr lang zu machen, vertauscht

tauscht man sie mit einem kleinen Loche, welches oben in einem hohen Gebäude angebracht wird, und das Bild der Sonne auf eine genau gezeichnete Mittagslinie fallen läßt. Der bekannteste Gnomon dieser Art ist in der Kirche des H. Petronius in Bologna, dessen Höhe 83 Fuß ist. In der Domkirche zu Florenz ist ein alter Gnomon von 277 Fuß Höhe wieder ausgefunden worden.

22. Den Bogen der Ekliptik WC (Fig. 6*) zwischen dem Orte der Sonne C und der Frühlingsnachtgleiche W nennt man die **Länge der Sonne**.

23. Die Sonne rückt alle Tage fast um einen Grad (genauer um 59′ 8″ 20‴) oder fast doppelt so viel, als ihre Scheibe dem Winkel nach breit ist, am Himmel vom Abend gegen Morgen fort. Wenn also ein Fixstern seinen täglichen Umlauf am Himmel mit der Sonne zugleich anfängt, so vollendet er ihn etwas früher als die Sonne. Die Zeit zwischen zwey nächsten Durchgängen der Sonne durch den Meridian nennt man einen **Tag**. Die Zeit der Umdrehung des Himmels oder ein **Sterntag** ist etwas kürzer, nemlich 23 St. 56 M. 4 Sec. Von der Ungleichheit der Sonnentage in der Folge (167.).

24. Die Ekliptik ist ein so wichtiger Kreis am Himmel, daß man sich ihrer vorzüglich bedient, die Lagen der Gestirne nach derselben anzugeben. Nemlich der Abstand eines Gestirnes von der Ekliptik heißt seine **Breite**, welche durch einen senkrechten Bogen auf die Ekliptik gemessen wird. Der Abstand dieses Bogens von der Frühlingsnachtgleiche, von Abend nach Morgen gerechnet, heißt die **Länge** des Gestirns, so daß Breite und Länge in Absicht auf die Ekliptik dasselbe sind, was Declination und Rectascension in Absicht auf den Äquator, oder Höhe und Azimuth in Ab-

sicht auf den Horizont. Die Trigonometrie lehrt, wie man diese Größen aus einander herzuleiten habe. Man muß sich ja bemühen, von der Verbindung dieser drey Kreise, des Horizonts, des Äquators und der Ekliptik, wie auch der auf sie senkrecht gestellten Kreise und der Lage ihrer Pole eine deutliche Vorstellung zu erhalten.

III. Die Firsterne.

25. Man hat sehr früh die Sterne in gewisse Bilder oder Gruppen gesammelt. Ein Stern läßt sich nicht gut bezeichnen und wieder finden, wenn man nicht auf seine Lage gegen andere Acht giebt. Einige Ähnlichkeit der Figur veranlaßte, daß man gewisse Bilder, z. B. ein Dreyeck, eine Krone, einen Riesen u. d. gl. am Himmel fand. Die Einbildungskraft schuf mehrere, wenn man das Andenken berühmter Personen verewigen wollte. Man gebrauchte manche Sterngruppen als Symbole, um dadurch Veränderungen am Himmel und auf der Erde zu bezeichnen, die sich bey einer gewissen Lage der Sonne in Absicht auf dieselben ereigneten. Die Sterne dienten den Alten als ein Kalender. Weil wir der Sternbilder nicht entbehren können, so behalten wir die von dem Alterthume uns überlieferten Bilder, ohne welche man die Alten nicht verstehen kann, und haben dadurch den Vortheil einer allgemeinen astronomischen Sprache.

26. Die wichtigsten Sternbilder sind die in dem Thierkreise. Man hat sehr früh die Bahn der Sonne in zwölf Theile eingetheilt, den zwölf Monaten des Jahrs zufolge. Und weil ein Mondenmonat fast 30 Tage lang ist, so hat man jeden Theil der Ekliptik in 30 Grade, und den ganzen Umfang in 360 Grade getheilt. Man bemerkte auch, daß der Mond und die Planeten sich nicht über eine gewisse geringe Breite von

der

der Ekliptik entfernen, und zog auf beiden Seiten derselben zwey ihr parallele Kreise in dem Abstande von 8 oder 9 Graden. Die innerhalb dieses Streifens befindlichen Sterne vertheilte man in zwölf Sternbilder, welche man die **himmlischen Zeichen** nannte. Weil sie fast alle Thiere sind, so heißt der Streifen der **Thierkreis,** oder der **Zodiacus.**

27. Diese Sternbilder sind, von der Frühlingsnachtgleiche an gerechnet, nach ihrem ehemaligen Stande:

1. Der Widder,   ♈   7. Die Wage,   ♎
2. Der Stier,   ♉   8. Der Scorpion, ♏
3. Die Zwillinge, ♊   9. Der Schütze, ♐
4. Der Krebs,   ♋   10. Der Steinbock, ♑
5. Der Löwe,   ♌   11. Der Waserm. ♒
6. Die Jungfrau, ♍   12. Die Fische. ♓

Den Ursprung dieser Bilder leitet man gewöhnlich aus der griechischen Fabellehre her, und findet in ihnen eine Beziehung auf die Jahrszeiten, zu welchen ehemals die Sonne in ihnen sich aufhielt. Einige sehen sie als Symbole der vornehmsten Ägyptischen Götter an, z. B. den Stier als das Bild des Apis, den Löwen und die Jungfrau als Bilder des Osiris und der Isis. Die Astronomie ist allerdings älter als die griechische Mythologie, und man wird am wahrscheinlichsten den Ursprung der Sternbilder des Thierkreises in Ägypten, einem früh cultivirten Lande, zu suchen haben. Vermuthlich haben wir in dem Thierkreise noch die Überbleibsel des ältesten ägyptischen Kalenders. Der Sommerstillstand der Sonne, die Überschwemmung des Nils, das Zurücktreten seines Gewässers, die Bestellung der Felder, die Blüthezeit des Getreides, die Erndte scheinen durch die Sternbilder, welche etwa vor 3500 Jahren des Abends bei untergehen gehenden Sonne gegenüber aufgingen, oder des Morgens kurz vor der Dämmerung untergiengen, angedeutet zu seyn. Alle Sternbilder des Thierkreises lassen sich zwar auf diese Art nicht erklären, aber bey den meisten ist diese symbolische Beziehung sehr natürlich.

28. Vor etwa 2800 Jahren war die Frühlingsnachtgleiche in der Mitte des Widders, daher dieses Sternbild den Anfang machte. Gegenwärtig liegt das Sternbild des Widders ganz in dem zweyten Zeichen, und die Frühlingsnachtgleiche ist in den Fischen. Wenn also der Ort eines Planeten oder eines andern Weltkörpers in ein gewisses Zeichen, z. B. den Löwen, gesetzt wird, so muß man ihn in dem vorhergehenden Sternbilde, dem Krebse, suchen. Darum muß man jetzt wohl unterscheiden: Sternbild z. B. des Löwen, und das Zeichen, welches den Namen dieses Bildes führt.

29. Die Veränderung in der Lage der Äquinoctialpuncte, welche von Morgen gegen Abend geschieht, und das *Vorrücken der Nachtgleichen* heißt, beträgt alle Jahr nur $50\frac{1}{4}$ Secunden, oder in $71\frac{1}{4}$ Jahren einen Grad. Dadurch wird die Länge aller Fixsterne um eben so viel vermehrt. Außer dieser allen Fixsternen gemeinschaftlichen scheinbaren Bewegung nach der Länge beobachtet man noch an ihnen sehr kleine Veränderungen in der Länge und Breite, die sich nicht gleich sind. Die gemeinschaftliche Zunahme der Länge ist unerklärbar, wenn man dem sinnlichen Anscheine nach den ganzen Himmel sich täglich um die Erde drehen läßt. In dem Abschnitte von der physischen Astronomie wird der Grund dieser Erscheinungen angegeben werden.

30. Außer den zwölf Sternbildern des Thierkreises haben die Alten noch 36 Sternbilder gemacht,

näm=

nämlich 21 am nördlichen Himmel, und 15 am südlichen. Die nördlichen Sternbilder sind: der kleine Bär, der große Bär, der nördliche Drache, Cepheus, Cassiopeia, Andromeda, Perseus mit dem Kopfe der Medusa, Pegasus, das kleine Pferd, der nördliche Triangel, der Fuhrmann, Bootes oder der Bärenhüter, die nördliche Krone, der Schlangenträger, die Schlange, der Herkules, der Adler, der Pfeil, der Geyer mit der Leyer, der Schwan, der Delphin.

Die südlichen sind: der Orion, der Wallfisch, der Fluß Eridanus, der Hase, der kleine Hund, der große Hund, die Hydra oder große Wasserschlange, der Becher, der Rabe, der Centaur, der Wolf, der Altar, der südliche Fisch, das Schiff Argo, die südliche Krone.

Diese Sternbilder haben meistens eine sehr kenntliche Beziehung auf die griechische Helden- und Göttergeschichte, insbesondere auf den Zug der Argonauten, der etwa 1200 Jahr vor Christi Geburt unternommen ist.

31. Die 48 Sternbilder der Alten enthalten, nach dem von ihnen durch Ptolemäus uns überlieferten Verzeichnisse, 1022 Sterne. Sie zählten darunter 15 Sterne von der ersten Größe, 45 von der zweyten, 208 von der dritten, 474 von der vierten, 217 von der fünften, und 49 von der sechsten, nebst 5 neblichten und 9 dunklen oder unscheinbaren. Zu den alten Sternbildern gehören noch das Haupthaar der Berenice, welches einer Ägyptischen Königin zu Ehren an den Himmel gesetzt ward, und Antinous, der mit dem Adler vergesellschaftet ist.

B 3   32. Die

32. Die Neuern haben noch am nördlichen Himmel 14 Sternbilder hinzugefügt, unter welchen das neueste das zu Friedrichs des Großen Ehre zwischen Cepheus, die Cassiopeia, Andromeda und den Pegasus gesetzte ist *). Sie enthalten nur drey Sterne von der dritten Größe. An dem südlichen Himmel sind 18 Sternbilder hinzugekommen, in welchen sich ein Stern der ersten Größe und 7 von der zweyten finden. Noch hat der unermüdete Abbé de la Caille aus den von ihm beobachteten Sternen um den Südpol 14 neue Sternbilder gemacht, oder eigentlich 12 neue und 2 veränderte. Jene enthalten aber nur 2 Sterne der dritten und 4 der vierten Größe. Um den Südpol sind weder so viele noch so glänzende Sterne, als um den Nordpol.

33. Überhaupt sind etwa 3000 mit bloßen Augen sichtbare Sterne am ganzen Himmel gezählt. In dem Verzeichnisse, welches Funk nach Vaugondy in seiner Anleitung zur Kenntniß der Gestirne geliefert hat, sind 3121 Sterne aufgeführt, darunter 20 von der ersten Größe, 57 von der zweyten, 200 etwa von der dritten, 400 von der vierten, 800 von der fünften und 1640 von der sechsten Größe sind. Die Anzahl derer, die uns die Fernröhre noch entdecken, ist unzählig. De la Caille hat allein am südlichen Himmel gegen 10000 Sterne beobachtet. Herr de la Lande hat am nördlichen Himmel vom Pole bis zum 45sten Grad die Stellen von 8000 Sternen bestimmt, die bisher noch in keinem Sternverzeichnisse vorkommen, und gedenkt in wenigen Jahren 25000 Sterne beobachtet zu haben.

34. Einigen Sternen hat man besondere Namen gegeben, als, Aldebaran oder das Auge des Stiers,

*) Die Abbildung in Bode's astronomischem Jahrbuche für 1790.

Antares im Scorpion, Arkturus im Bootes, Sirius oder Hundsstern im großen Hunde, Castor und Pollux in den Zwillingen, die Glucke oder die Plejaden, oder das Siebengestirn, sechs kleine Sterne im Stier, der Jakobsstab, drey Sterne im Orion, Rigel in eben demselben, u. m., deren Namen größtentheils arabisch sind. Die Sterne eines jeden Sternbildes werden durch Buchstaben bezeichnet, und zum Theil durch Zahlen, wodurch ein Astronom sich dem andern ganz leicht verständlich macht.

35. Sehr merkwürdig ist der helle Bogen, welcher das ganze Sterngewölbe fast in der Lage eines großen Kreises ununterbrochen umgiebt, nämlich die Milchstraße. Ihr Schimmer ist in dem Schiffe Argo am lebhaftesten. Im Adler und den benachbarten Sternbildern ist sie am breitesten. Vom Schwane bis zum Scorpion, etwa auf ein Drittheil ihres Umfanges, theilt sie sich in zwey Arme. Der Nordpol dieses Sterngürtels liegt nahe über dem Haupthaare der Berenice nördlich, der Südpol auf einem der Vorderschenkel des Wallfisches. Der weißliche Schimmer der Milchstraße ist das vermischte Licht einer unzähligen Menge kleiner Sterne, welche durch stark vergrößernde Fernröhre auf dem schwarzen Grunde des Himmels getrennt erscheinen. Unser berühmter Landsmann in England, Herschel, fand durch sein zwanzigfüßiges Spiegelteleskop an manchen Stellen der Milchstraße in einem Raume von 15 Min. Weite gegen 600 Sterne, also in einem Raume, so groß als die Sonne oder der Mond zu bedecken scheinen, auf 2400. Das System von Sternen, zu welchem unsere Sonne gehört, mag nach dem Umfange der Milchstraße hin am weitesten ausgedehnt seyn, so weit, daß selbst sehr gute Fernröhre die Sterne der letzten

Reihen nicht zu entdecken vermögen. Oder die Milchstraße ist wirklich ein unbegreiflich großer Ring von Sternen oder Sternsystemen, welche das System der nähern, einzeln erscheinenden Sterne in einer großen Entfernung umgeben, wie die Planeten unsere Sonne. Dieses Centralsystem von Sternen oder Sonnen scheint aber auch nach der Milchstraße hin einen größern Umfang zu haben, als nach den Polen dieses Gürtels. Denn um diese Pole herum zeigt sich der Himmel ausnehmend klar, nach der Milchstraße hin wird der Grund des Himmels gleichsam trübe, von dem undeutlichen Lichte vieler sehr entfernten Sterne.

36. Die Fernröhre zeigen am Himmel eine große Menge kleiner weißlichen Flecken von verschiedenem Glanze, von welchen manche durch starke Vergrößerungen als Häuflein kleiner Sternchen, oft auf einem neblichten Grunde, erscheinen. Man nennt diese Sternsammlungen Nebelsterne oder Nebelflecke. Es sind ohnezweifel Systeme von Sternen, von welchen manche größer seyn mögen, als das ganze System, zu welchem unsere Sonne gehört, mit den Sternen der Milchstraße zusammen genommen. Die Auflösbarkeit einiger Nebelflecke in abgesonderte Sternchen beweiset, daß sie alle sich auflösen lassen würden, wenn unsere Fernröhre noch stärker gemacht werden möchten. Der merkwürdigste unter allen Nebelflecken ist an dem Schwerdte des Orion befindlich; durch ein starkes Teleskop zeigt er sich wolkicht. Im Gürtel der Andromeda ist auch ein merkwürdiger, den bloßen Augen sichtbarer Nebelfleck, in Gestalt eines gedoppelten Kegels über einer gemeinschaftlichen Grundfläche. In dem Sternbilde des Fuchses ist ein zwar dem Anscheine nach nicht großer Nebelfleck, der aber sehr ausgedehnt seyn muß, weil er in einem Theile noch in einzelne Sterne

Sterne auflösbar ist, in einem andern bloß einfarbiges Licht, und in einem dritten nur einen milchartigen Schimmer zeigt. Herschel hat auch bey seinen Musterungen des Himmels einen ovalen, ringförmigen Nebelfleck gefunden. Nahe bey dem Südpole befinden sich ein paar merkwürdige weiße Stellen, die man die Capwolken zu nennen pflegt, ohnezweifel ein Paar uns näherer Sternsysteme. Hier sind auch noch zwey sehr schwarze Flecke am Himmel, neben der Milchstraße, von beträchtlicher Größe, die man bey dem ersten Anblicke für dunkle Wolken halten würde. Vor Hrn. Herschel zählte man nicht viel über hundert Nebelflecke; er allein hat schon zweytausend gefunden, und sie in ein Verzeichniß gebracht.

Im Krebse zeigt sich den bloßen Augen ein Sternwölkchen, durch Fernröhre eine Sterngruppe von etwa 40 kleinen hellen Sternen auf einem sehr schwarzen Grunde, vielleicht ein zu unserm System gehöriges, an den Gränzen befindliches Partialsystem. Ein ähnliches mag auch das Siebengestirn (die Plejaden) im Stier seyn, in welchem gute Augen sechs oder sieben Sternchen erkennen, und Fernröhre etwa 120 zeigen.

37. **Einige Sterne verändern ihren Glanz periodisch.** Schon vor 200 Jahren ward ein veränderlicher Stern am Halse des Wallfisches entdeckt, der sich bald als ein Stern von der dritten oder gar zweyten Größe zeigt, bald mit bloßen Augen nicht zu erkennen ist. Der mittlere Zeitraum der Abwechslungen beträgt nach Herschels Berechnung 331 T. 10 St. 19 M. Ein kleiner Stern am Halse des Schwans verändert sich während 405 Tagen, aber nicht ganz gleich, und scheint jetzt bey der fünften Größe bleiben. Ein anderer Stern,

auf der Brust des Schwans, war sonst veränderlich, ist aber jetzt schon lange Zeit von der sechsten Größe. Bisweilen ist die Periode der Lichtabwechslungen sehr kurz. Sie beträgt bey Algol, am Kopfe der Medusa, nur gegen 69 Stunden, so aber, daß dieser Stern nur etwa $3\frac{1}{4}$ Stunde Zeit gebraucht, um von der zweyten Größe auf die vierte herabzusinken, und in eben der Zeit wieder zur zweyten gelangt. Die Dauer der größten Lichtschwäche ist 15 oder 20 bis 25 Minuten. Im Antinous ist ein Stern, dessen Lichtveränderungen sich in dem Zeitraume von 7 Tagen und 4 bis 5 St. ereignen, auch in ungleicher Maaße, und von der dritten bis zur fünften Größe. Ein Stern in der Leyer, der nächste kenntliche bey dem hellen Sterne dieses Bildes, verändert sich von der dritten bis zur 4ten oder 5ten Größe, in einer noch nicht sicher bestimmten Periode von 6 T. 9 St. oder 12 T. 19 St. Es sind noch mehrere Sterne, an welchen man eine Veränderlichkeit des Lichtes beobachtet hat. Ein Stern am Kopfe des Fuchses, der im Jahr 1670 von der dritten Größe erschien, verschwand, ward wieder sichtbar, gelangte bis zu jener Größe, nahm ab und zu, und verlohr sich nach dem März 1672 gänzlich. Bey dem Schwanze der Hydra ist ein Stern seit 1704 bis 1712 fünfmal aufs neue sichtbar geworden, nachher aber ganz verschwunden.

38. Einige Sterne haben an Glänze abgenommen, andere sind heller geworden, z. B. der Stern im Vierecke des großen Bären zunächst am Schwanze ist jetzt kaum von der dritten Größe, da Bayer ihm noch unter den sieben großen Sternen dieses Bildes die vierte Stelle giebt. Die drey Sterne im Schwanze scheinen jetzt größer, als die im Vierecke. Der helle Stern im Adler, der sonst zur zweyten

ten Classe gerechnet ward, muß jetzt unter die Sterne der ersten Größe gesetzt werden. — Verschiedene von ältern Astronomen verzeichnete Sterne werden vermißt; dagegen sind neue Sterne bemerkt, die in den ältern Verzeichnissen nicht vorkommen, ob sie gleich, den Umständen nach, darin hätten Platz finden sollen. Bey diesen Untersuchungen muß man sich mit Sorgfalt von der Richtigkeit der ältern Beobachtungen und Verzeichnisse versichern.

39. Merkwürdig sind Erscheinungen neuer Sterne am Himmel. Die ältere Geschichte erwähnt schon einiger; genaue Nachrichten aber hat man nur von zwey Naturbegebenheiten dieser Art. Im Jahr 1572. erschien in der Cassiopeia ein neuer Stern, der gleich vom Anfange an so hell glänzte, daß er den Sirius weit übertraf. Nach einigen Wochen nahm sein Licht ab, und nach 16 oder 17 Monaten war er ganz verschwunden. Es verdient bemerkt zu werden, daß in den Jahren 945 und 1264 zwischen der Cassiopeia und dem Cepheus sich auch ein neuer Stern gezeigt haben soll. Nicht lange nachher, im J. 1604, erschien im Schlangenträger ein eben so heller Stern, als der in der Cassiopeia gewesen war, und verschwand nach einem Jahre. Der vorher (37.) erwähnte Stern am Kopfe des Fuchses könnte auch ein neuer Stern, wie diese beiden, gewesen seyn. Ob sie wirklich solche Weltkörper gewesen sind, als unsere Sonne und die Fixsterne, ist die Frage. Es kann in den großen Himmelsräumen Meteore geben, wie in unserer Atmosphäre.

40. Die Lage mancher Sterne hat sich ein wenig geändert. Am merklichsten ist die Veränderung des Ortes am Arkturus, vielleicht dem uns nächsten Sterne. Doch beträgt sie für diesen in 50

Jahren nur 71 Sec. in der Rectascension und 115 Sec. in der Declination. Für den Sirius ist sie etwa halb so groß. Es sind sowol kleinere als größere Sterne in allen Gegenden des Himmels, an welchen man Veränderungen des Orts bemerkt hat. Diese sind ohnezweifel zum Theil einer Bewegung unserer Sonne zuzuschreiben. Doch hievon wird in der Folge besser und überzeugender gehandelt werden können. Auch in den unermeßlichen Himmelsräumen ist ein unabläßiges Wirken der Naturkräfte. Die Himmelskörper wallen über und unter und neben einander hin, die großen Systeme, wie die kleinern und wie die einzelnen Körper.

41. Das Zodiakallicht verdient noch einer Erwähnung. Es ist ein lanzenförmiger Schein, fast wie das Licht der Milchstraße, welches sich zu gewissen Jahrszeiten kurz nach Untergange oder kurz vor Aufgang der Sonne längs dem Thierkreise sehen läßt. Im Anfang des März um 7 Uhr Abends sieht man es am besten. Man leitet dieses Licht am wahrscheinlichsten von der Atmosphäre der Sonne her.

42. Die Sterne von einander unterscheiden und kennen zu lernen, ist das beste Mittel, daß man sich einige der merkwürdigsten Sternbilder zeigen lasse, und hernach vermittelst einer Himmelskugel und Himmelscharten, als der Doppelmayerschen, seine Bekanntschaft mit dem Himmel erweitere. Anstatt der Himmelskugel können auch die Sternkegel dienen, welche Funk zum zweytenmal sehr verbessert herausgegeben hat. Herrn Bode Anleitung zur Kenntniß des gestirnten Himmels, sechste Auflage (1792.) ist zu dieser und in andern Absichten ein sehr brauchbares Buch. Eben dieser Verfasser hat den Flamsteadischen Himmelsatlas, welcher bisher

her das vorzüglichste Werk dieser Art gewesen, nach der Pariser Ausgabe neu herausgegeben, und 2139 neue Sterne zu dem Flamsteadischen Verzeichnisse hinzugefügt, so daß dieser Atlas 5058 Sterne enthält. Darunter sind 280, die bey uns nicht aufgehen. Ein Theil dieser Sterne ist mit bloßen Augen nicht sichtbar.

IV. Der Mond.

43. Der Mond ist ein Körper, welcher der Sonne in der scheinbaren Größe fast gleich ist. Die öftere Abwechslung seiner Gestalten oder seiner Phasen gab den ältesten Völkern ein bequemes Mittel, ohne Kalender oder Rechnung die Zeit ihrer gottesdienstlichen Handlungen, ihrer Versammlungen und Verrichtungen zu bestimmen.

Nachdem der Mond einige Tage uns unsichtbar geworden ist, zeigt er sich des Abends in Westen als ein schmaler, sichelförmiger Lichtstreifen. Allmählig, so wie der Mond nach Osten hin sich von der Sonne entfernt, wird das sichelförmige Stück breiter und glänzender, und am sechsten Tage nach der Wiedererscheinung, da er 90 Grad von der Sonne absteht, ist er halb erleuchtet. Dies ist das erste Viertel, oder die Quadratur. Der Mond rückt immer mehr von der Sonne ab, der erleuchtete Theil wird immer größer, und am achten Tage nach dem ersten Viertel scheint seine volle Scheibe die ganze Nacht durch. Dies ist der Vollmond, oder die Opposition. Er geht des Abends auf, um Mitternacht durch den Meridian, und des Morgens unter. Man sieht daraus, daß er nun der Sonne gerade gegenüber steht. Nach dem Vollmonde kommt der abnehmende unter denselben Gestalten wie der zunehmende, nur daß der

er=

erleuchtete Theil an der Oſtſeite des Mondes liegt, da er an dem zunehmenden an der Weſtſeite lag, beidemahl nemlich der Sonne zugekehrt. Das letzte Viertel tritt nach andern 7 Tagen ein, wenn der Mond nur noch zur Hälfte erleuchtet iſt. Er nähert ſich nun der Sonne immer mehr, ſeine Sichelfigur wird mit jedem Tage ſchmäler, und endlich verliert er ſich in den Strahlen der Sonne. Dies iſt der Neumond oder die Conjunction.

44. Hieraus erhellt, daß der Mond ein dunkler Körper iſt, der von der Sonne ſein Licht erhält, und um die Erde ſeinen monatlichen Umlauf vollführet. Denn eben dieſe Erſcheinungen kann man ſich an einer Kugel verſchaffen, wenn man ſich in einiger Entfernung von einem Lichte ſtellt, und die Kugel in einem Kreiſe um ſich herum bewegen läßt. Den dunkeln Theil des Mondes kann man gleich nach ſeiner Wiedererſcheinung mittelſt eines aſchgraulichen Lichtes neben dem ſichelförmigen hellen Theile erkennen. Dieſes Licht entſteht offenbar von den Strahlen, die unſere Erde auf den Mond zurückwirft. Jene iſt für dieſen eben das, was dieſer für jene iſt. Zur Zeit des Neumondes muß man auf dem Monde die Erde in vollem Lichte glänzen ſehen. Er wird alſo von ihr erleuchtet, wie die Erde vom Vollmonde.

45. Zur Zeit des Vollmondes, aber zu keiner andern Zeit, wird bisweilen der Mond zum Theil oder auch ganz verfinſtert. Eine ſchwarze Scheibe ſcheint ſich über ihn von Morgen gegen Abend zu bewegen. Da die Erde um dieſe Zeit zwiſchen der Sonne und dem Monde ſteht, ſo muß es ihr Schatten ſeyn, der dieſe Verfinſterung verurſacht. Daß der Mond aber nicht in jeder Oppoſition verfinſtert wird, rührt daher, weil er mehrentheils zu weit über oder unter

der

der Ekliptik steht, als daß er den Erdschatten berühren könnte, dessen Mittellinie sich von der Sonne abwärts nach dem ihr auf der Ekliptik entgegengesetzten Puncte erstreckt. Zur Zeit einer Mondsfinsterniß ist der Mond der Ekliptik immer sehr nahe, oder geht auch während derselben von einer Seite der Ekliptik zur andern hinüber.

Die Finsternisse sind mehrentheils partial, zuweilen auch total. In den totalen wird der Mond selten ganz unsichtbar, sondern behält noch ein schmutziges kupferfarbiges Licht. Dieses rührt von denjenigen Strahlen der Sonne her, welche in unserer Atmosphäre nach dem Monde hin gebrochen werden. Wenn der Mittelpunct des Mondes durch den Mittelpunct des Erdschattens geht, so ist die Finsterniß central.

46. Um die Zeit des Neumondes wird bisweilen die Sonne verfinstert. — Die Ursache davon ist offenbar der Mond, der sich um diese Zeit zwischen uns und der Sonne befindet. Die Sonne wird uns nur bedeckt, nicht wirklich verfinstert, und daher ist keine Sonnenfinsterniß auf der Erde allgemein und dieselbe. An jedem Orte sieht man ihren Anfang, ihr Ende, ihre Größe anders, an den meisten Orten bleibt die Sonne unbedeckt. Man kann sich dieses leicht begreiflich machen, wenn man eine Scheibe von Pappe ausschneidet, und diese nicht weit von dem Auge vor einer andern größern Scheibe an einer etwas entfernten Wand vorbeygehen läßt. Man muß sich so stellen, daß die erstere die letztere fast bedecken kann. Verrückt man das Auge ein wenig, so wird man die Scheibe an der Wand jetzt weniger, jetzt mehr, jetzt gar nicht bedeckt sehen. Die Mondsfinsternisse sieht man an allen Orten zu gleicher Zeit und auf gleiche Art. Die Son-

Sonnenfinsternisse sind für einen bestimmten Ort seltner als jene, weil sie nicht allenthalben gesehen werden können.

47. Die merkwürdigsten, aber auch sehr seltenen Arten von Sonnenfinsternissen sind die ringförmigen und totalen. Bey jenen ist der scheinbare Durchmesser des Mondes kleiner als der Sonne ihrer, bey diesen größer. Dort bleibt, nachdem der Mond ganz vor die Sonnenscheibe getreten, noch ein ringförmiger Theil der Sonne unbedeckt. Die große Sonnenfinsterniß vom 1. April 1764 war in einem Striche von Europa, als zu Calais und Madrit, ringförmig. Bey einer totalen Finsterniß wird die Sonne zwar ganz bedeckt, aber ihr Licht strömt gleichsam um den Mond herum, und bildet einen lichten Ring um ihn. So sah Don Antonio de Ulloa, ein gelehrter und verdienter spanischer Officier, bey der Sonnenfinsterniß am 24. Jun. 1778, da der Durchmesser des Mondes um 1' 46'' größer war, als der Sonne ihrer, wie die Sonne völlig bedeckt war, einen lichten Ring um den Mond, der um seinen Umkreis in beständiger und schneller Bewegung war, und immer blendender ward, je mehr des Mondes Mittelpunct sich der Sonne ihrem näherte. Zu der Zeit des Mittels der Verfinsterung betrug des Ringes Breite etwa $\frac{1}{3}$ von des Mondes Durchmesser, aber vom Ringe giengen nach allen Seiten ungleich lange Strahlen aus, manche so lang als des Mondes Durchmesser. Darnach nahm der Ring ab, und verschwand 4 oder 5 Sec. ehe die Sonne hervorkam. Zunächst um den Mond war seine Farbe röthlich, darnach goldgelb, zu äußerst immer mehr weißlich, überall schön licht. Kurz vor und nach der Entstehung des lichten Ringes wurden die Sterne erster und zweyter Größe sichtbar; allein

da

da der Ring seinen stärksten Glanz hatte, sahe man nur die Sterne erster Größe. Ähnliche Erscheinungen hat man auch sonst bemerkt. Wolf beobachtete 1706 bey einer großen Sonnenfinsterniß einen hellen Ring um den Mond, den er von dem Lichte des hellen Theils der Sonne sehr wohl unterscheiden konnte.

48. Der Mond rückt alle Tage etwa um 13 Grade am Himmel von Abend gegen Morgen fort, und ist nach ohngefähr 27 Tagen wieder bey denselben Fixsternen. Diese Zeit nennt man den **periodischen Monat**. Inzwischen ist die Sonne fast um 27 Grade fortgerückt, und es verfließt noch einige Zeit, ehe der Mond sie wieder einholt. Darum ist die Zeit von einem Neumonde zum andern, oder der **synodische Monat** größer. So gebraucht der Minutenzeiger auf der Uhr, wenn er um 12 Uhr mit dem Stundenzeiger in Conjunction ist, $1\frac{1}{11}$ Stunde, den Stundenzeiger einzuholen, aber nur eine Stunde, um an dieselbe Stelle wieder zu kommen.

49. Die Dauer eines synodischen Monats erfährt man am bequemsten und sichersten durch die Beobachtung zweyer Mondsfinsternisse. Die zwischen beiden verflossene Zeit dividirt man nämlich durch die Anzahl der synodischen Monate. Zuerst nimmt man zwey nicht weit von einander entfernte Finsternisse, um die Zahl der Monate nicht zu verfehlen. Weiß man nun die Dauer eines Monats beynahe, so nimmt man zwey von einander sehr entfernte Finsternisse, dividirt die Zeit zwischen beiden durch die fast bekannte Dauer eines Monats, um die Zahl der Monate zu erhalten, und dividirt mit dieser wieder die Zeit, um die Dauer des Monats genauer zu bestimmen. Auf diese Art hat man gefunden, daß der

synodische Monat 29 T. 12 St. 44′ 3″ lang ist *). Den periodischen Monat findet man durch die Proportion: wie die Summe des Sonnenjahrs und des synodischen Monats zu dem Sonnenjahre, so der synodische Monat zu dem periodischen. Der periodische Monat enthält 27 T. 7 St. 43′ 11″. Der Mond rückt alle Tage um 13° 10′ 35″ am Himmel fort; entfernt sich täglich von der Sonne um 12° 11′ 27″, und vollendet seinen täglichen scheinbaren Umlauf am Himmel in 24 St. 50′ 28″.

50. Alle diese Angaben sind von der mittlern Dauer zu verstehen. Die Bewegung des Mondes ist sehr ungleichförmig, und hat von jeher den Astronomen am meisten zu schaffen gemacht. Man hat lange Zeit nicht begreifen können, wie das nächste Gestirn gerade die größten Ungleichheiten des Laufs zeigte. Die synodischen Monate sind bisweilen um 6 Stunden kürzer oder länger als der mittlere. So auch ist die Zeit des täglichen Umlaufs bisweilen um 12 Min. größer oder kleiner als die mittlere. Zu der letzten Ungleichheit trägt zwar die jedesmalige Lage der Mondsbahn gegen den Meridian etwas bey. Die alten Astronomen bemerkten die Ungleichheit des Mondslaufs besonders daran, daß sie die Zeiten von einer Mondsfinsterniß zur andern mit den Zeiten der mittlern Bewegung verglichen. Zur Zeit der Finsterniß stand der Mond der Sonne gerade gegenüber, also konnten sie vermittelst des Ortes der Sonne, dessen Berechnung wenig Schwierigkeit macht, den Ort des Mondes angeben. Dieser traf mit dem Orte, den er nach der mittlern Bewegung hätte haben sollen, selten überein.

In=

---

*) Die Minuten und Secunden einer Stunde werden wie die Minuten und Secunden eines Grades, durch (′) und (″) bezeichnet.

Die Astronomie.

Indeß bemerkten sie, daß nach 223 synodischen Monaten oder 6585 Tagen 8 St. das ist 18 Jahr 10 T. 20 St. die Finsternisse sich fast genau auf dieselbe Art wieder ereigneten, so daß die Ungleichheiten des Mondes nach dieser Periode sehr nahe auf gleiche Art wieder anfiengen. Die merklichsten Ungleichheiten, welche sie beobachteten, zu erklären, ließen sie den Mond nicht unmittelbar um die Erde, sondern auf einem Kreise sich bewegen, dessen Mittelpunct alle Monat den Umfang eines Kreises um die Erde beschrieb. Jener kleinere Kreis hieß der Epicyklus, dieser größere der excentrische, weil die Erde außerhalb seines Centrums sich befand. Dieser Kreis drehte sich in einer gewissen Zeit um die Erde herum. Das war aber noch nicht genug. Denn Tycho de Brahe fand im 16. Jahrhunderte, daß er drey Epicyklen und noch einen kleinen Kreis außer dem excentrischen brauchte, um die Bewegung des Mondes darzustellen. Gegenwärtig hat man alle diese künstlich verflochtenen Kreise vom Himmel verbannt, und läßt den Mond, wie es natürlich ist, in einer einzigen krummen Linie herumlaufen, die aber so irregulär ist, daß man nach den Mayerischen Mondstafeln vier beträchtliche und neun kleine Verbesserungen des mittlern Ortes (Aequationen nennt es der Astronom) zu berechnen hat, wenn man nur bloß die Länge des Mondes angeben will.

51. Der Mond hat nicht immer gleiche Entfernung von der Erde. Die Alten setzten seine größte Entfernung ganz richtig dahin, wo er am langsamsten gieng; die kleinste, wo er am geschwindesten war. Wir können uns durch das Mikrometer*) davon über-

C 2

---

*) Ein Mikrometer ist eine Vorrichtung in einem Fernrohre, kleine Winkel genau zu messen. Das einfachste ist das Schraubenmikrometer, welches aus zwey zuge-

zeugen. Man findet damit den scheinbaren größten Durchmesser des Mondes 33′ 31″, den kleinsten 29′ 22″, so daß die mittlere Größe 31′ 26″ beträgt *). Die Stelle der größten Entfernung und langsamsten Bewegung nennt man das Apogäum, die der kleinsten Entfernung und geschwindesten Bewegung das Perigäum. Diese Stellen sind aber nicht fest. Sie rücken von Abend gegen Morgen fort, und vollenden in 8 gemeinen Jahren 312 T. 11 St. 11′ 39″ einen ganzen Umlauf am Himmel, in Beziehung auf die Firsterne. Hieraus kann man schon abnehmen, wie ungleich die Bewegung des Mondes ist.

52. Der Mond steht uns bisweilen im Meridian sehr hoch, bisweilen sehr niedrig. Seine Bahn ist nicht allein gegen den Äquator, sondern auch gegen die Ekliptik geneigt. Man braucht nur die Sterne zu beobachten, neben welchen er nahe vorbeygeht oder sie gar bedeckt, um sich davon unmittelbar zu überzeugen.

Zwey=spitzten Schrauben besteht, die an dem Orte des Bildes im Fernrohre einander genähert werden können. Man stellt zuerst ihre Spitzen in einer beliebigen Entfernung von einander, und läßt einen bekannten Stern von der Spitze der einen Schraube zu der andern nach der täglichen Bewegung rücken. Aus der Zeit, die er darauf zubringt, läßt sich der Winkel berechnen, den der Stern am Auge beschrieben hat. Nun nähert man die Schrauben bis zur Berührung, und zählt die Schraubenumgänge, so weiß man, wie groß für den Raum, den die Schraubenspitze bey einer Umdrehung durchläuft, der Winkel sey. Also läßt sich, wenn man einen Gegenstand am Himmel zwischen den Spitzen faßt, der Winkel, den er am Auge macht, durch die Zählung der Umdrehungen der Schraube bestimmen. Auf eine ähnliche Art kann man parallele Fäden gebrauchen, deren einer beweglich ist.

*) Den scheinbaren Durchmesser eines Weltkörpers nennt man den Winkel, unter welchem derselbe erscheint.

Zweymahl in jedem Monate trifft der Mond die Ekliptik. Die Durchschnittspuncte seiner Bahn mit derselben nennt man die Knoten der Mondsbahn. In dem aufsteigenden geht er über die Ekliptik nach Norden, in dem niedersteigenden hinunter nach Süden. Man erfährt die Lage dieser Puncte, wenn man zu der Zeit, da der Mond nahe bey der Ekliptik ist, seinen Weg neben bekannten Sternen beobachtet. Allein man muß hiebey wissen, wie viel der Ort des Mondes dadurch geändert wird, daß der Beobachter auf der Oberfläche der Erde, und nicht in ihrem Mittelpuncte steht. Diese Veränderung ist wegen der Nähe des Mondes beträchtlich. Die Mondsfinsternisse sind hier vorzüglich brauchbar, die centralen am meisten, welche aber selten sind.

53. Die Knoten sind keine unveränderliche Puncte am Himmel, sondern rücken gegen die Ordnung der Zeichen von Morgen gegen Abend fort. Man kann sich hievon mittelst seiner Augen versichern, wenn man den Ort des Mondes beobachtet, um die Zeit da er durch die Ekliptik geht. Oder man gebe Acht, wenn der Mond auf seinem Laufe einen der Ekliptik sehr nahen Stern, z. B. den Regulus, bedeckt, oder nahe bey demselben vorbeygeht. Nach einiger Zeit wird der Mond beträchtlich weit nordwärts oder südwärts von dem Sterne vorbeygehen, nach 9 Jahren sich auf 5 Grade von ihm entfernt haben, und nach fast 19 Jahren den Stern wieder treffen. Durch die Vergleichung sowohl naher als entferter Finsternisse hat man gefunden, daß die Knoten in 18 gemeinen Jahren 223 T. 7 St. 13′ einen ganzen Umlauf am Himmel, in Beziehung auf die Firsterne machen.

54. Die Neigung der Mondsbahn gegen die Ekliptik ist im Mittel 5° 8′ 31″. Sie kann sich um etwa 9′ ändern. Die Neigung wird durch die größte

Breite, welche der Mond bey jedem halben Umlaufe bekömmt, gemessen. Beobachtet man im Meridian die Declination und Rectascension des Mondes (10 und 19.), so läßt sich daraus seine Breite so wie auch die Länge berechnen. Nur sind beide noch einer beträchtlichen Verbesserung wegen des Standortes des Beobachters bedürftig. Die Mondfinsternisse dienen auch die alsdann geltende Neigung der Bahn zu berechnen.

55. Da in der Bewegung des Mondes alles so großen Veränderungen unterworfen ist, so kann man begreifen, wie schwer es fallen müsse, die Gesetze derselben zu entdecken, und Tafeln zu berechnen, vermittelst welcher man den Ort des Mondes für jede Zeit angeben könne. Indeß ist es eine einfache physikalische Ursache, die alle diese so verworrenen Ungleichheiten des Mondslaufes verursacht.

V. Scheinbarer Lauf der Planeten.

56. Die Planeten sind dem äußerlichen Ansehen nach den Figsternen ähnlich, nur daß ihr Licht nicht so funkelnd und blitzend ist, als das Licht der Sterne. Sie verändern aber ihren Ort am Himmel, und heißen daher Planeten, Wandelsterne, Irrsterne. Sie entfernen sich nur wenig von der Ekliptik. Von den andern Sternen kann man sie leicht unterscheiden, wenn man in dem Thierkreise folgende vier Sterne der ersten Größe kennt, die den Planeten am Glanze gleichen, nämlich Aldebaran oder das Auge des Stiers, Regulus oder das Herz des Löwen, die Kornähre der Jungfrau, und Antares oder das Herz des Skorpions.

57. Unter allen Planeten ist dem Auge am merkwürdigsten ein schöner, oft sehr lebhaft glänzender Him-

melskörper, der sich entweder eine Zeitlang nach Sonnenuntergange oder vor ihrem Aufgange sehen läßt. Daß es nicht zwey Körper sind, merkt man daraus, weil man ihn nie zugleich des Morgens und des Abends sieht. Dieser Planet führt von alten Zeiten her den Namen Venus, auch Morgen- oder Abendstern. Sie entfernt sich aber nicht über einen Bogen von 48 Gr. von der Sonne, zuweilen nur um einen Bogen von 45 Gr. Zur Zeit des größten Abstandes von der Sonne ist sie, wie man durch ein Fernrohr wahrnehmen kann, nur halb erleuchtet, so wie der Mond in den Viertheilen. Hat man sie des Abends in ihrem größten Abstande von der Sonne wahrgenommen, so nähert sie sich ihr wieder, ihre Gestalt wird sichelförmig, ihr Licht wird am stärksten, wenn sie etwa 40 Grad von der Sonne absteht, ob sie gleich alsdann nur etwa zum vierten Theil erleuchtet ist. Die Annäherung gegen die Erde vergrößert ihren Glanz mehr, als er wegen der verminderten Lichtgestalt abgenommen hat. Nach einiger Zeit wird sie wegen der Nähe der Sonne unsichtbar, erscheint aber bald als Morgenstern sichelförmig mit zunehmendem Lichte, glänzt in der Entfernung von 40 Graden rechter Hand von der Sonne am stärksten, ist in der größten von 48 Gr. zur Hälfte erleuchtet, und nimmt in der scheinbaren Größe ab, so wie ihre Lichtgestalt zunimmt. Sie verliert sich hierauf in den Strahlen der Sonne, und kömmt als Abendstern nach einiger Zeit wieder zum Vorschein. Noch hat man einigemal beobachtet, daß in der Zwischenzeit, da die Venus aus Abendstern Morgenstern geworden, eine kleine runde Scheibe von ihrer Größe vor der Sonne vorbeygegangen ist. Dreymahl hat man diese merkwürdige Beobachtung gemacht, am 4. Decemb. 1639, am 6. Jun. 1761 und am 3. Jun. 1769. Dieser Körper war

war kein andrer als die Venus, welche sich damahls zwischen der Sonne und der Erde befand, und nach ihrem aus Beobachtungen hergeleiteten Laufe um diese Zeiten vor der Sonne vorbeygehen mußte.

Aus allem diesem erhellt, daß die Venus ein dunkler Körper ist, der sein Licht von der Sonne empfängt, und um sie in einer kreisartigen Bahn herumläuft, außerhalb deren Umfange unsere Erde sich befindet. Alle diese Erscheinungen kann man sich selbst darstellen, wenn man eine Kugel, die halb weiß halb schwarz angemahlt ist, um einen gewissen Körper herumlaufen läßt, so daß sie diesem die weiße oder erleuchtete Seite immer zukehrt, sich selbst aber außerhalb des von der Kugel beschriebenen Kreises in einiger Entfernung stellt.

58. Ähnliche Erscheinungen zeigt uns der Merkur, dem Ansehen nach ein kleiner Stern, mit einem weißlichen, lebhaft glänzenden Lichte. Er entfernt sich nicht weiter, als höchstens etwa 28 Grade, bisweilen nur 18 Gr. von der Sonne, und kann daher nur nahe am östlichen oder westlichen Horizonte in der Dämmerung mit Mühe wahrgenommen werden. Durch Fernröhre kann man ihn auch bey seinem Durchgange durch den Meridian beobachten, wenn man die Höhe berechnet hat, in welcher er culminirt oder sich am meisten über den Horizont erhebt. Die Abwechselung seiner Lichtgestalten läßt sich nur durch große Fernröhre bemerken. Auch ihn hat man, und zwar öfterer als die Venus, vor der Sonne vorbeygehen gesehen. Er wird noch in diesem Jahrhunderte 1799 den 7. May in der Sonnenscheibe sichtbar werden. In der ersten Hälfte des künftigen Jahrhunderts werden die Durchgänge geschehen, 1802 den 8. Nov.; 1815 den 11. Nov.; 1822 den 4. Nov.; 1832 den 4. May; 1835 den 7. Nov.; 1845 den 8. May; 1848

1848 den 9. Nov. Die Venus haben erst unsere Nachkommen 1874 den 9. Dec. zu erwarten.

Man wird von selbst hieraus den Schluß machen, daß auch Merkur um die Sonne in einer kreisartigen Bahn, welche von der Bahn der Venus eingeschlossen ist, herumläuft.

59. Drey Planeten nehmen in Absicht auf die Sonne jeden möglichen Stand am Himmel ein; bisweilen sind sie nahe bey ihr, zu einer andern Zeit gerade gegenüber. Ihre Bahnen schließen also die Erde und die Sonne ein. Unter diesen Weltkörpern macht sich Mars durch sein feuerrothes Licht kenntlich. Seine scheinbare Größe oder der Winkel, unter welchem sein Durchmesser erscheint, ist sehr veränderlich, von 4 Secunden bis zu 24 Sec. Seine Entfernung von der Erde muß also in demselben Verhältnisse veränderlich seyn. Jupiter, der ansehnlichste unter allen, hat ein schönes, etwas gelbliches, silberglänzendes Licht. Er verändert seine Stelle am Himmel viel langsamer als Mars. Wenn er der Sonne gerade gegenüber steht, oder um Mitternacht durch den Meridian geht, das ist, in der Opposition, so glänzt er am stärksten, und sein scheinbarer Durchmesser beträgt 42 bis 47 Sec. In der Nachbarschaft der Sonne nimmt er bis etwa 30 Sec. ab. Saturn hat ein schwächeres, bleichröthliches Licht, und verändert seine Stelle am Himmel noch weit langsamer. In der Opposition mit der Sonne scheint er 20 Sec., in der Nähe derselben 16″ groß.

60. Der Lauf dieser drey Planeten ist sonderbar. Überhaupt ist er von Abend gegen Morgen gerichtet. Einige Zeit vor der Opposition mit der Sonne wird er sehr langsam, es erfolgt ein Stillstand des Planeten, und er geht darauf eine Zeitlang von Morgen gegen Abend zurück. Während dieses Rückganges kömmt er

in die Opposition, in welcher sein rückgängiger Lauf am schnellsten ist. Nach einiger Zeit steht er wieder still, und fängt nun an vorwärts zu gehen, immer geschwinder bis zur Conjunction *) mit der Sonne, wo er am geschwindesten fortrückt. Nach der Conjunction nimmt seine Geschwindigkeit allmählig ab, und die schon beschriebenen Erscheinungen kehren wieder. Die Puncte des Stillstandes und des schnellsten Rückganges liegen jedesmahl weiter nach Morgen hin. Zur Zeit des schnellsten Rückganges oder in der Opposition erscheint der Planet am größten und hellsten, zur Zeit des geschwindesten Fortganges, oder nahe bey der Sonne, am kleinsten und am wenigsten glänzend. Ruht unsere Erde, so müssen, in so fern man die tägliche Bewegung nicht in Betrachtung zieht, diese drey Planeten eine Linie um uns beschreiben, die bey jedem Umlaufe einen Knoten schürzt, dem wir unter allen Theilen der Bahn am nächsten sind, und diese Knoten folgen nach der Ordnung der Zeichen auf einander. Die 7te Figur zeigt ein Stück des scheinbaren Laufes des Jupiters. Die ruhende Erde ist in T, der Planet läuft von der rechten Hand nach der linken, wird in R rückgängig, in D wieder rechtläufig, steht in O der Sonne gegenüber, und in C mit der Sonne an derselben Stelle des Himmels.

61. Die Knoten, welche die Bahn eines Planeten schürzt, sind weder gleich groß, noch gleich weit von einander, oder in gleicher Entfernung von der Erde. Der Glanz des Planeten und seine scheinbare Größe sind in der Opposition nicht immer gleich. Bisweilen

---

*) Conjunction ist, wenn zwey Gestirne an derselben Stelle des Himmels sich befinden; Opposition, wenn sie in entgegengesetzten erscheinen. Die Erde ist alsdann mit ihnen, wo nicht in einer geraden Linie, doch in derselben senkrechten Ebene auf die Ekliptik.

weilen geht er durch einen größern, bisweilen durch einen kleinern Bogen des Thierkreises zurück, bald in einer längern, bald in einer kürzern Zeit. Die Zeiten zwischen den mittlern Puncten des Rückgehens, das ist, die Zeiten, in welchen der Planet die Winkel OTO beschreibt, sind ungleich, und doch auch nicht diesen Winkeln proportional. Für jeden Planeten giebt es inzwischen eine gewisse Stelle des Thierkreises, von welcher bis zu der entgegengesetzten alles dieses so zunimmt und abnimmt, wie es auf der andern Hälfte des Thierkreises wieder ab- und zunimmt.

Es sind daher zweyerley Ungleichheiten in dem Laufe der Planeten bemerklich. Die eine (§. 60.) hält ihre Perioden mit der Rückkehr des Planeten zur Conjunction und Opposition mit der Sonne, die andere (§. 61.) mit der Rückkehr des Planeten zu demselben Zeichen des Thierkreises.

62. Mars beschreibt von der Zeit, da er wieder rechtläufig wird, den ganzen Umlauf des Himmels, und noch 53 bis 90 Grade dazu, ehe er wieder anfängt zurück zu gehen, während einer Zeit von etwa 707 Tagen im Mittel. Alsdann geht er 10 bis 19 Grade zurück, in 61 bis 80 Tagen. Von einer Opposition zur andern, die um die Mitte des Rückganges sich ereignet, verfließen im Mittel 780 Tage, in welcher Zeit der Planet einen Umfang des Himmels mit 49 Gr. darüber, nach einer mittlern Zahl, vollendet.

Jupiter rückt nach der Ordnung der Zeichen jedesmal 40 bis 47 Grade fort, während einer Zeit von 278 Tagen, mehr oder weniger, und geht am Ende dieses Bogens etwa um 10 Grade in der Zeit von 117 bis 122 Tagen zurück. Von einer Opposition zur andern verfließen bey ihm nach einer Mittelzahl

zahl 399 Tage, in welcher Zeit er 33 Gr. m. o. w. am Himmel fortrückt.

Saturn bewegt sich von Abend gegen Morgen nur etwa 19 Grade in 241 Tagen, m. o. w.; wird alsdann rückgängig längs einem Bogen von 7 Gr. beynahe, während einer Zeit von 135 bis 139 Tagen. Von einer Opposition zur nächstfolgenden verfließen bey ihm 378 Tage, im Mittel genommen. — Ich überlasse es fürs erste dem Leser, diesen labyrinthischen Tanz der Sphären zu entwickeln, bis ich die leichte und natürliche Erklärung davon werde geben können.

63. Die Charaktere, womit die Planeten bezeichnet werden, sind folgende: Merkur (☿); Venus (♀); Mars (♂); Jupiter (♃); Saturn (♄); Sonne (☉); Mond (☽); Erde (♁).

64. Außer diesen fünf Weltkörpern und der Erde, welche sich nach dem wahren Weltsystem mit jenen um die Sonne bewegt, kannte man bis zum Jahre 1781 keinen Planeten mehr, das ist, einen solchen Weltkörper, der in einer fast kreisrunden Laufbahn um die Sonne liefe. In dem gedachten Jahre aber, am 13. März, entdeckte Hr. Herschel in England, der oben schon angeführte eifrige und glückliche Beobachter, mit einem siebenfüßigen Newtonianischen Spiegelteleskop, zwischen den Hörnern des Stiers und den Füßen der Zwillinge, einen Stern, der sich von den Firsternen dadurch unterschied, daß er durch das Teleskop einen merklichen Durchmesser hatte. Seine Gestalt war wie eines Planeten, ohne Schweif und Nebel, gar nicht kometenähnlich. Er rückte mit immer zunehmender Geschwindigkeit nach Osten fort, parallel mit der Ekliptik, in einer geringen Entfernung von derselben, bis gegen das Ende des Maymonats, da er von der Sonne eingeholt, und in der Abenddäm-

dämmerung unsichtbar wurde. In den ersten Tagen des Augusts ward er wieder sichtbar, des Morgens vor Aufgang der Sonne. Seine Bewegung nach Osten ward nach und nach langsamer; in den ersten Tagen des Octobers ward er stillstehend, und darauf rückgängig. Am 22. December, als er mit der Sonne in Opposition kam, schien er am stärksten rückläufig; hernach nahm seine Bewegung wieder ab, und im Anfang des März kam er wieder zum Stillstande. Alle diese Erscheinungen kommen mit dem scheinbaren Laufe der übrigen Planeten völlig überein, so daß man schon daraus sicher schließen konnte, der neue Wandelstern sey ein Planet. Die fernern Beobachtungen haben, mit Hülfe der allgemeinen Theorie der planetarischen Bewegungen, die Bahn des neuen Planeten schon so genau kennen gelehrt, daß man für jedes Zeitmoment seinen Ort am Himmel sehr zutreffend bestimmen kann. Er ist noch einmahl so weit als Saturn von der Sonne entfernt, und vollendet seinen Lauf um diese erst in 83 Jahren, daher geht er in der Opposition nur um einen Bogen zwischen 3 und 4 Graden zurück, in einer Zeit von 150 bis $152\frac{1}{2}$ Tagen, und von einer Opposition bis zur folgenden verfließen 369 T. 16. St. In dieser Zeit rückt der Planet nur um 4° 20' fort.

Den neuen Planeten nenne man, zur Übereinstimmung mit den übrigen, Uranus, welcher in der Mythologie der Vater des Saturns ist.

VI. Was durch Fernröhre an den Himmelskörpern entdeckt ist.

65. Um den Jupiter hat man gleich nach der Erfindung der Fernröhre vier kleine Körper als beständige Begleiter desselben bemerkt. Sie erscheinen bald

auf dieser, bald auf jener Seite des Planeten. Sehr oft verschwinden sie auf der Westseite plötzlich, ob sie gleich noch nicht von dem Körper des Jupiters bedeckt werden, und werden eben so auf der Ostseite in einer kleinen Entfernung von dem Planeten plötzlich sichtbar. Die Ursache davon muß der Schatten des Jupiters seyn, in welchen sie auf der Westseite eintreten, und aus dem sie auf der Ostseite wieder hervorkommen. Von dem nächsten Trabanten kann man nur entweder den Eintritt oder den Austritt bemerken, nachdem der Schatten sich westwärts oder ostwärts vom Jupiter ab erstreckt. Denn er ist seinem Planeten so nahe, daß die eine Seite des Schattens an den Stellen, wo er durchgeht, immer von dem Körper des Jupiters uns verdeckt bleibt. Gewöhnlich sieht man von dem zweyten Trabanten auch nur den Eintritt oder den Austritt; unter gewissen Umständen, wenn er weit genug über oder unter der Axe des Schattenkegels durchgeht, beides. Die beiden andern Trabanten sind weit genug von ihrem Planeten entfernt, daß man von dem dritten gewöhnlich, und von dem vierten fast immer den Eintritt und Austritt sehen kann. Der vierte geht zu gewissen Zeiten über oder unter dem Schatten weg. Zuweilen sieht man auch den Schatten der Trabanten über die Scheibe des Jupiters rücken, wenn sie zwischen ihm und der Sonne durchgehen. Diese Trabanten sind also dem Jupiter eben so zugegeben, wie uns der Mond, seine Nächte zu erleuchten. Wegen der größern Entfernung von der Quelle des Lichtes hat er vier Monden bekommen.

66. Aus den Finsternissen der Jupiters=Monden hat man ihre Umlaufszeiten geschlossen, welche so wie bey unserm Monde in periodische und synodische unterschieden werden. Sie sind folgende:

Perio=

Die Astronomie.

	Periodischer Umlauf.	Synodischer Umlauf.
I. Trabant.	1 T. 18 St. 27′ 33″	1 T. 18 St. 28′ 36″
II.	3 13 13 42	3 13 17 54
III.	7 3 42 33	7 3 59 36
IV.	16 16 32 8	16 18 5 7

Es ist merkwürdig, daß die relative Winkelbewegung des ersten Trabanten in Absicht auf den zweyten genau doppelt so groß ist, als die des zweyten in Absicht auf den dritten.

Auch hat man die größten Entfernungen derselben vom Jupiter mit dem Mikrometer gemessen, und die Winkel, unter welchen sie erscheinen, mit dem scheinbaren Durchmesser des Jupiters verglichen. Dieses sind die Abstände der Trabanten, oder die Halbmesser ihrer Bahnen, welche in folgender Tabelle enthalten sind:

	In Halbmessern des ♃.	In Bogentheilen in der mittlern Entfernung ♃.
I. Trabant.	5, 965 *)	1′ 51″
II.	9, 494	2 57
III.	15, 141	4 42
IV.	26, 630	8 16

Jupiter ist fast 11mahl größer als die Erde im Durchmesser. Sein mittlerer Durchmesser hält 1867◦ geographische Meilen.

67. **Saturn** hat sieben Monden, welche man aber, den sechsten ausgenommen, nur mit sehr großen Fernröhren sehen kann, weswegen sie uns auch nicht so zu statten kommen, wie die Jupiterstrabanten, welche man mit mäßigen Fernröhren erkennen kann. Bis zum J. 1789 kannte man nur fünf Trabanten des Saturns. In diesem Jahre entdeckte Hr. Herschel mit seinem größten 40füßigen Spiegel-

---

*) Die Ziffern nach dem Komma sind hier, wie allemahl, Decimaltheile.

gelteleskop *) noch zwey Trabanten, deren Bahnen innerhalb der Bahnen jener liegen. Der innerste Trabant erscheint, selbst durch das erstaunliche Fernrohr, als ein äußerst schwacher Lichtpunct. Doch kann Hr. Herschel ihn nunmehr auch durch sein 20füßiges Teleskop erblicken. Die Bahnen der sechs innern Trabanten liegen fast oder genau in der Ebene des Ringes, welcher den Saturn umgiebt, und sind gegen die Bahn desselben um die Sonne unter einem Winkel von 30 Gr. geneigt, daher diese Trabanten nur sehr selten in den Schatten des Saturns kommen. Die Bahn des siebenten sehr entfernten ist unter einem Winkel von 15 Gr. geneigt. Wegen dieses Umstandes ist es schwerer als bey den Jupiterstrabanten, die Umlaufszeiten zu bestimmen. Indessen hat man sie doch, wie folget, herausgebracht:

I.	0 T.	22 St.	37′ 23″	V.	4 T.	12 St.	25′ 11″
II.	1	8	53 9	VI.	15	22	41 13
III.	1	21	18 26	VII.	79	7	53 43
IV.	2	17	44 51				

Weil es Schwierigkeit macht, die Halbmesser der Bahnen jedes Trabanten zu messen, so bedient man sich des ehemahligen vierten, jetzt sechsten Trabanten, dessen größter Abstand von dem Mittelpuncte des Saturns, das ist, der Halbmesser der Bahn, am leichtesten sich hat messen lassen, um nach einer gewissen Regel **) aus diesem Abstande und den Umlaufszeiten die Halbmesser der übrigen Bahnen herzuleiten. Nach den neuesten Messungen des Hrn. Herschel erscheint der Halbmesser der Bahn des sechsten Trabanten unter einem Winkel von 3′ 8″,918, in der mittlern

---

*) S. Naturl. §. 548.
**) S. unten §. 147. Die Quadrate der Umlaufszeiten verhalten sich wie die Würfel der Entfernungen von dem Mittelpuncte des Hauptkörpers.

fern Entfernung des Saturns von der Sonne. Der mittlere Durchmesser des Saturns erscheint, wie ich aus seinen Beobachtungen herleite, in eben dieser Entfernung unter einem Winkel von 19″,587, so daß der Halbmesser der Bahn des sechsten Trabanten 19,290 Halbmesser des Saturns enthält. Demnach sind, zufolge der gedachten Regel, die Halbmesser der Bahnen in Halbmessern des Saturns ausgedruckt, folgende:

I.	2,927	V.	8,321
II.	3,756	VI.	19,290
III.	4,651	VII.	56,217
IV.	5,961		

Der Halbmesser der Bahn unsers Mondes ist in der mittlern Größe 60 Erdhalbmesser groß; aber unsere Erde ist im Durchmesser nur den 10ten Theil so groß als Saturn.

68. Der Ring, welcher den Saturn umgiebt, hat den Beobachtern viel zu schaffen gemacht, weil er ihm das Ansehen giebt, als hätte er zwey Henkel. Bisweilen erscheint Saturn auch ganz rund und völlig frey. Endlich fiel Huygens darauf, daß dasjenige, was man neben dem Saturn erblickt, ein großer, breiter, wenig dicker, freyschwebender Ring seyn müßte, wie es alle nachfolgenden Beobachtungen bestätigt haben. Dieser Ring ist gegen die Bahn des Saturns um die Sonne unter einem Winkel von 30 Gr. geneigt. Sein Durchmesser, nämlich der des äußern Randes, verhält sich zu dem Durchmesser des Saturns, nach ältern Beobachtungen wie 7:3; nach Herschels, wie 31:13 oder nahe wie 12:5. Seine Breite ist etwa $\frac{2}{7}$ des Durchmessers des Saturns, oder $\frac{1}{6}$ des Durchmessers des Ringes, also sein Abstand von des Planeten Oberfläche etwa eben so groß.

Wir werden in der Folge sehen, daß der Durchmesser des Saturns 17160 geographische Meilen hält, folglich ist der äußere Durchmesser des Ringes 40040 Meilen, und sein Umfang 125790 Meilen groß; sein Abstand vom Saturn und seine Breite betragen 5720 Meilen. Ein außerordentliches Gewölbe, von welchem wir uns gar keine sinnliche Vorstellung machen können. Die Theile desselben halten sich durch ihren gegenseitigen Druck, wie die Steine eines Gewölbebogens. Allein da der Halbmesser des Gewölbes so ungeheuer groß ist, so wird noch ein Mittel angewandt seyn müssen, das Gewicht gegen den Saturn zu vermindern. Dieses ist der Umschwung in der Fläche des Ringes. Dadurch erhalten alle Theile desselben ein Bestreben, sich von dem Mittelpuncte des Planeten zu entfernen, und werden weniger schwer. Zugleich wird dadurch bewirkt, daß der Ring nicht zur Seite schwanken kann. Wirklich hat auch Hr. Herschel eine Umdrehung des Ringes durch die Bewegung einiger Flecken wahrgenommen, und die Zeit auf 10 St. 32′ 15″ bestimmt. Er hat auch gefunden, daß der Ring aus zwey concentrischen Ringen besteht, mit einem leeren Raume zwischen beiden. Die Breite des innern Ringes ist 805, des äußern 280, des Zwischenraums 115 solcher Theile, deren der Durchmesser des äußern Umfangs 8300 enthält, so daß die Breite des zusammengesetzten Ringes 1200, nahe $\frac{1}{7}$ des Durchmessers des Ringes ist. Der Grund, warum der Ring gedoppelt ist, mag seyn, daß dadurch jeder die für ihn schickliche Umdrehungsgeschwindigkeit und Verminderung seiner Schwere gegen den Planeten erhält. Stellt man sich den Ring als eine Reihe von Trabanten vor, deren jeder sich in einem Kreise um den Saturn bewegt, so daß die Wirkung der Schwerkraft durch die

Schwung-

Schwungbewegung gehoben wird, so müßte bey einer Umlaufszeit von 10 St. 32′ 15″, nach der obigen Regel, der Abstand eines dieser Trabanten von dem Mittelpuncte Saturns, 1,759 Halbmesser des Planeten groß seyn, oder 3063 solcher Theile, deren der Durchmesser des äußern Umfangs des Ringes 8300 hat. Der Abstand ist etwas größer als der innere Halbmesser des innern Ringes, der 2950 Theile hält. Die angeführte Umlaufszeit des Ringes gilt für den äußern, weil einige der beobachteten Flecken nahe am äußern Rande desselben liegen. Sie könnte für diesen zu klein scheinen; allein die Schwere desselben gegen den Mittelpunct des Planeten wird durch den innern, beträchtlich breitern, vielleicht auch dichtern Ring vergrößert, daher der Umschwung geschwinder mag haben seyn müssen, als es für einen einzelnen Ring nöthig wäre. Die Umlaufszeit des innern Ringes ist noch nicht entdeckt. Sie ist vermuthlich größer als jene, weil die Schwere gegen den Planeten durch die Schwere gegen den äußern Ring vermindert wird.

Wir sehen den Ring unter einer länglichen Gestalt, weil er gegen uns eine schiefe Lage hat. Er wird immer schmäler, je mehr er bey dem Fortrücken des Saturns und durch die Bewegung der Erde sich der Lage nähert, in welcher seine Fläche durch unser Auge geht, und wir ihn also bloß nach der uns unmerklichen Dicke sehen. Saturn erscheint alsdann völlig rund und frey, und man sieht auf seinem Körper den Schatten des Ringes, wenn die Sonne denselben nicht gar zu schief erleuchtet. Hierauf wendet der Ring, der sich immer parallel bleibt, uns seine dunkle Seite zu. Um diese Zeit geschieht auch der Erleuchtungswechsel an dem Ringe, nämlich alsdann, wenn die Ebene desselben durch die Sonne geht, und anstatt der nördlichen oder südlichen Seite die südliche oder nördliche erleuchtet wird. Bey diesem Erleuchtungswechsel kann der Ring verschwinden oder wieder sichtbar werden, nachdem die Erde an der einen oder der andern Seite des Ringes sich befindet. Die Erscheinungswechsel des Ringes sind sehr ungleich, weil die Erde einmahl oder dreymahl durch die Ebene des Ringes um die Zeit des Erleuchtungswechsels gehen kann. Im Jahre 1789 geschah der Erleuchtungswechsel am 11. October. Vorher, am 5. May und 23. August war die Erde durch die Ebene des Ringes gegangen, welches am 30. Jan. 1790 noch einmahl geschah, so daß der Ring zweymahl verschwand und wieder sichtbar ward. Die Erleuchtungswechsel ereignen sich während eines Umlaufs des Saturns um die Sonne, (29 Jahr 169 Tage) zweymahl.

Den Nutzen des Ringes für den Saturn können wir nicht wohl angeben. Er setzt oft einen beträchtlichen Theil der Oberfläche dieses Planeten Jahre lang in Schatten, und vermindert dadurch den Vortheil, den er diesen Gegenden durch das von seiner Oberfläche zurückgeworfene Licht zu einer andern Zeit verschafft. Der Ring kann einen Einfluß auf den Saturn haben, welchen wir aber nicht errathen mögen. Wenn eine seiner Flächen fast 15 Jahre lang von der Sonne beschienen ist, so mag sie so erwärmt seyn, daß sie die folgenden 15 Jahre im Herbste und Winter die Kälte zu mindern dient. Die sieben Monden vergüten die Beraubung des Sonnenlichtes.

69. Uranus hat zwey Monden, welche Hr. Herschel mit seinem 20füßigen Spiegelteleskop im J. 1787 entdeckt hat. Die periodischen Umlaufzeiten derselben sind, I. 8 T. 16 St. 58′. II. 13 T. 10 St. 56′.

Die

Die Abstände vom Uranus, I. 17 Halbmesser des Uranus; II. 73 Halbmesser. Die Bahnen stehen fast senkrecht auf die Bahn des Uranus.

70. Auf dem Jupiter erblickt man einige dunkle, nicht genau begränzte, auch wohl unterbrochne, veränderliche parallele Streifen, bisweilen mehrere, selbst viele, bisweilen wenigere, gewöhnlich drey. Sie sind auch zuweilen mit lichten Streifen vergesellschaftet. Oft zeigen sich auf der Oberfläche dieses Planeten Flecken von veränderlicher Gestalt, die kürzere oder längere Zeit sichtbar bleiben, meistens dunkelschwarz, zuweilen licht sind. Diese Flecken und die Gränzen der abgebrochnen Streifen rücken auf der Scheibe des Planeten von Morgen gegen Abend, in Beziehung auf uns, fort. Aus vielfältiger Beobachtung dieser Flecken hat man geschlossen, daß Jupiter sich etwa in 9 Stunden 56 Min. einmahl um seine Axe dreht. Die Richtung des Laufs dieser Flecken zeigt, daß die Axe fast senkrecht auf die Bahn des Jupiters steht. Die Tage und Nächte bleiben also auf diesem Planeten sich fast gleich, und der Unterschied der Jahreszeiten ist gering. — Man hat auch gefunden, daß Jupiter eine merklich abgeplattete Gestalt hat, so daß die Axe desselben sich zu dem Durchmesser des Äquators, oder des großen mitten durch die Axe senkrecht darauf stehenden Kreises, etwa wie 13 zu 14 verhält. Dieser beträchtliche Unterschied der beiden Durchmesser führt auch, nach der Theorie der Bewegung, auf eine Zeit des Umschwunges, die der beobachteten nahe genug kommt.

Jupiter hat ohne Zweifel eine Atmosphäre wie unsere Erde. Die dunkeln Streifen geben zu erkennen, daß beträchtliche Schichten dieser Atmosphäre durch fremdartige Beymischungen getrübt werden. Die lichten, zuweilen gelbbräunlichen Streifen sind reine, durchsichtige Luftschichten, durch welche das Sonnenlicht von der Oberfläche des Körpers des Jupiters zurückgeworfen wird. Die Gränzen oder die Enden der abgebrochenen dunkeln Streifen sind Scheidungen heller und trüber Theile einer Schicht. Daraus folgt, daß diese Enden nicht völlig als feste Puncte betrachtet werden können. Die schwarzen Flecken sind wahrscheinlich Gebirgskuppen, die aus dem Luftmeere hervorragen oder durchscheinen, aber bey dem Ebben und Fluthen dieses Meeres, wenn sie nicht sehr hoch sich erheben, veränderlich seyn mögen. Daher bleiben sie bald längere, bald kürzere Zeit sichtbar, und wechseln ihre Stellen, woraus begreiflich wird, warum die beobachteten Umdrehungszeiten zuweilen um einige Minuten verschieden sind. Durch viele sorgfältige Beobachtungen, die Hr. Schröter mit einem siebenfüßigen herschelschen Teleskop, während eines Zeitraums von mehr als drey Monaten, angestellt hat, gab das Ende eines südlichen Streifen eine Umdrehungszeit von 9 St. 55′ 17″,6 im Mittel, und ein lichter Fleck in einer andern Gegend während derselben Zeit, 9 St. 55′ 33″,6. Der Unterschied rührt ohne Zweifel von atmosphärischen Veränderungen auf dem Jupiter her. Übrigens zeigen diese Beobachtungen, daß die schon von Cassini gefolgerte Umdrehungszeit von 9 St. 56′ wenig von der wahren abweiche.

71. Auf dem **Saturn** hat man noch keine **Flecken** entdeckt, vermittelst welcher man seine Umdrehungszeit bestimmen könnte. Einen Streifen hat man schon lange auf demselben wahrgenommen. Nach Hrn. Herschels Beobachtungen zeigen sich einer oder zwey Streifen von veränderlicher Breite und Farbe, die

die mit dem Ringe genau oder beynahe parallel liegen. Einmahl hat er auf denselben einen dunkeln Flecken bemerkt, der seine Lage veränderte, woraus sich folgern läßt, daß Saturn sich nach derselben Seite, wie Jupiter oder die Erde, von Abend gegen Morgen, um seine Axe dreht. Die Umdrehung folgt auch daher, daß Saturn wie Jupiter merklich abgeplattet ist. Herschel hat das Verhältniß des Aquatoreal= und Polar=Durchmessers nahe wie 11:10 gefunden. Ein anderer geschickter Astronom, Herr Bugge in Kopenhagen, findet dieses Verhältniß sogar fast wie 3:2. Nach jenem erstern Verhältnisse würde die Umdrehungszeit, zufolge einer theoretischen Berechnung, 14 St. 29′ seyn. Der Ring des Saturns muß, so wie auf der Erde der Mond das Meer aufschwellen macht, auch eine beträchtliche Erhebung der flüssigen Masse unter dem Ringe, oder auf dem Äquator des Planeten, verursachen, vorausgesetzt, daß eine flüssige Masse einen Theil seiner Oberfläche bedecke. Die Veränderungen in der Gestalt und Farbe der Streifen lassen vermuthen, daß Saturn eine Atmosphäre habe, welches auch eine gewisse Erscheinung bey den Bedeckungen der Trabanten dieses Planeten von dem Körper desselben wahrscheinlich macht.

72. Mars hat niemahls eine sichelförmige Gestalt, wie Merkur und Venus oft annehmen; seine Lichtgestalt nimmt nicht weiter ab, als des Mondes seine drey Tage nach dem Vollmonde. Auf seiner Oberfläche hat man sehr große, nicht allemal scharf begränzte, veränderliche Flecken beobachtet, die aber doch so deutlich sind, daß man daraus mit hinlänglicher Sicherheit bestimmen können, Mars drehe sich in 24 Stunden 39 oder 40 Min. einmal um seine Axe. Diese Folgerung hat neulich Hr. Herschel durch

seine

seine Beobachtungen bestätigt *). Er hat auch gefunden, daß der Äquator dieses Planeten gegen seine Bahn um die Sonne unter einem Winkel von 28° 42′ geneigt ist. Der Unterschied der Jahreszeiten ist also auf dem Mars etwas größer als auf unserer Erde, deren Äquator mit ihrer Bahn einen Winkel von 23° 28′ macht. Merkwürdig ist es, daß der **Polardurchmesser des Mars beträchtlich kleiner ist, als der Äquatorealdurchmesser**, ungeachtet seine Umdrehungszeit noch etwas größer ist, als die der Erde, und sein Umfang kleiner. Hr. Herschel hat das Verhältniß beider Durchmesser nahe wie 15 zu 16 gefunden.

73. Auf der **Venus** hat man auch **Flecken** bemerkt. Sie sind aber zu schwer zu beobachten und zu unbestimmt, als daß man die Umdrehungszeit dieses Planeten daraus herleiten könnte. Cassini setzte sie zu 23 St. 20 Min. an; Bianchini zu 24 Tage 8 St. Hr. Schröter folgert aus seinen Beobachtungen, aber nach einem andern Verfahren, als dem von jenen Astronomen gebrauchten, daß die Umdrehungszeit der Venus 23 St. 21′ beträgt. Er hat auch Gelegenheit gehabt, über die **Höhe der Berge auf der Venus** ein paar Beobachtungen anzustellen. Einer derselben ist über vier deutsche Meilen hoch, ein anderer gegen drey Meilen und vielleicht noch höher. Daß es auf der Venus sehr hohe Berge gebe, hat schon de la Hire im Jahr 1700 bemerkt. Die Venus ist vermuthlich auch von einer **Atmosphäre** umgeben, da nach Hr. Schröters Beobachtungen die Erleuchtung an der Lichtgränze schwächer ist, als daß man die Lichtabnahme aus den

klei=

---

*) Zeichnungen der Flecken des Mars nach Herschels Beobachtungen in den Philos. Transact. für 1781 und 1784.

Die Astronomie.

kleinen Auffallswinkeln der Sonnenstrahlen herleiten könnte, und weil in der Randfläche der Nachtseite ein sehr mattes bläuliches Licht, eine Dämmerungshelle, bemerkbar ist.

74. Der Mond zeigt schon dem bloßen Auge helle und dunkle Gegenden auf seiner Oberfläche. Durch Fernröhre sieht man, daß es gebirgige und ebene Landschaften sind, in welchen aber das Wilde und Sanfte weit stärker sich entgegen gestellt ist, als auf unserer Erde. Der Mond hat viele Gebirge, zum Theil in geringer Höhe und Breite langgestreckt, oder in rauhen Haufen zusammengekettet, oft einzeln aus der Ebene emporsteigend, größtentheils aber kranzförmig um eine Ebene oder eine Einsenkung gestellt. Diese Kranzgebirge sind am häufigsten in den hellen Gegenden der Mondsflächen, besonders in dem südlichen Theile, welcher damit gleichsam übersäet ist. Manche halten 10, 15, ja bis 30 unserer geographischen Meilen im Durchmesser, mehrere aber sind viel kleiner, bisweilen nur etwa 2000 Fuß weit. Zum Theil schließen sie Ebenen oder wenig ungleiche Flächen ein, die sich gewöhnlich wenig von der allgemeinen Mondsfläche entfernen mögen. Diese nenne man Wallebenen. Viele enthalten eingesenkte Becken, Kessel und tiefe Abgründe. Oft greifen kleine Ringgebirge in den Wall der größern ein, und bisweilen in jene noch kleinere, eben so wie die vulkanischen Trichter auf unserm Ätna. Häufig erhebt sich aus der Mitte eines Kranzgebirges ein Berg, zuweilen zwey oder drey, nicht selten von beträchtlicher Höhe; auch Trichterberge liegen innerhalb der Wallebenen. Einige Einsenkungen sind mäßig, z. B. 200 oder 300 Klafter (6 Fuß) tief, manche sind 1000 Klafter und darüber tief; ja es giebt Trichtergebirge, die gegen 2000

Klafter oder darüber tief sind, bey einem Durchmesser von 4 bis 9 Meilen. Ein gewisser Trichter ist sogar über 3000 Klafter tief, und etwas über 3 Meilen weit. In diesem Abgrunde könnte der höchste Berg unserer viel größern Erde, der Chimboraço, seiner ganzen Höhe nach stehen. Wir haben auf unserer Erde gar nichts vergleichbares. Auch die Berge des Mondes sind zum Theil viel höher als die unsrigen. Die Ringgebirge erheben sich zwar nur mäßig, manche nur 150 bis 300 Klafter; einige sind aber auch 900 bis 1100 Klafter hoch gefunden. Von einigen Bergkränzen erheben sich einzelne hohe Bergspitzen. Solche Berge, die bey uns schon zu den höhern gerechnet werden, gehören auf dem Monde noch zu den kleinern. Berge von 10000 Fuß sind hier noch vom mittlern Schlage. Hr. Schröter hat sogar an dem südlichen Mondrande Gebirge angetroffen, die gegen 25000 Pariser Fuß hoch sind. Der Chimboraço im südlichen Amerika erhebt sich nur 19320 Fuß über die Meeresfläche. Die Höhe der Mondsberge ist verhältnißmäßig desto größer, da der Durchmesser des Mondes nur $\frac{1}{11}$ des Durchmessers der Erde beträgt *).

75. Die

*) Man wird sich vielleicht wundern, wie es möglich sey, Berge und Einsenkungen auf dem Monde zu messen. Eine schon von Hevel gebrauchte Methode ist, den Abstand der erleuchteten Spitze eines im Dunkeln liegenden Berges von der Lichtgränze zu messen, den Winkel nämlich, unter welchem derselbe erscheint. Oder man mißt die Länge des Schattens eines Berges bey niedrigem Stande der Sonne auf dem Monde. Die Höhe der Sonne wird durch den Abstand von der Lichtgränze gefunden. Aus diesen Größen läßt sich die Höhe des Berges berechnen, oder wenigstens ziemlich genau schätzen. Das Verfahren läßt sich auch auf Einsenkungen anwenden. Herr Oberamtmann Schröter hat diese Methode größtentheils gebraucht. Die hier angeführ-

Die Astronomie.

75. Die dunkeln Gegenden des Mondes pflegte man ehemahls für Meere zu halten; aber es sind, allem Ansehen nach, Ebenen, vielleicht die fruchtbarsten, vergleichungsweise zu reden, mit Wiesen und Holzungen bedeckten flachen Landschäften des Mondes. Sie haben ein grauliches mattes Licht. Die Lichtgränze zwischen der Tagesseite und Nachtseite der Mondsfläche zeigt sich hier gewöhnlich, durch mäßige Fernröhre, ziemlich scharf abgeschnitten, dagegen diese Gränze in dem gebirgigen Theile des Mondes sehr ausgezackt erscheint. Man erblickt auf diesen Ebenen lichte Streifen, welche durch ihren Schatten zu erkennen geben, daß sie niedrige Bergdämme sind. Sie laufen zuweilen von den in diesen Ebenen hin und wieder befindlichen größern Ringgebirgen als von einem Mittelpuncte aus, und pflegen die kleinern unter sich und mit den größern zu verbinden. Einzelne Bergklippen oder unregelmäßige Kettengebirge unterbrechen die Gleichförmigkeit dieser großen Thalgegenden. Sie verlieren sich bald sanft in die angränzenden oder untermischten hellern Gegenden, bald sind sie deutlicher von mäßigen Anhöhen abgeschnitten, bald von hohen Gebirgesketten begränzt. Viele Wallebenen haben ebenfalls ein grauliches Licht, und mögen im Kleinen seyn, was jene im Großen. Auch durch die hellen Gegenden ziehen sich Lichtstreifen; insbesondere ist in dem südlichen Theile ein Kranzgebirge, Tycho, wegen der von demselben ausgehenden Lichtstreifen merkwürdig.

Daß diese grauen Gegenden keine Sammlungen von Wasser oder einer ähnlichen flüssigen Masse, wie un=

---

führten Messungen sind alle von ihm, aus seinem vortrefflichen Werke: Selenotopographische Fragmente ꝛc. 1791. gr. 4. mit 43 Kupfert. Der Auszug, den ich hier aus diesem Werke liefere, wird zeigen, wie allgemein interessant dasselbe ist.

unsere Meere, sind, erhellt schon aus den darin befindlichen Trichtergebirgen und den sich kreuzenden Bergdämmen; noch mehr aber aus den Unebenheiten der Oberfläche, die man durch ein vollkommnes Fernrohr darin wahrnimmt. In der Nachtseite des Mondes an der Lichtgränze zeigen sich hügelartig erhabene Flächenstriche, wo der Tag früher anbricht, als in den benachbarten Gegenden. Auch ist der Schatten der Gebirge auf diesen Ebenen viel schärfer begränzt, als er es auf einer Wasserfläche seyn könnte. Inzwischen mag es doch flüssige Materien auf dem Monde geben, ohne welche wir wenigstens uns kein Wachsthum und keine Ernährung organisirter Körper vorstellen können.

76. Die Mondsfläche zeigt sich immer mit gleicher Deutlichkeit und Helligkeit, wenn unsere Luft heiter ist. Der Mond hat also keine Atmosphäre, wie die unsrige, die durch die aufgelöseten fremdartigen Materien so oft getrübt wird. Damit stimmt, daß der Mond keine Wassersammlungen hat. Er bedarf also auch keines Mittels, das Wasser aufzulösen, um das Trockne damit zu befeuchten. Doch ist darum noch nicht ein reinerer und ungemischter Luftkreis dem Monde abzusprechen. Die von Hrn. Schröter beobachteten zufälligen und abwechselnden Veränderungen an einigen Stellen des Mondes deuten Verdunkelungen und Aufheiterungen einer luftförmigen Hülle an, oder Dämpfe, die von einer Atmosphäre aufgenommen, vermuthlich aber nicht aufgelöset und verbreitet wurden. Wenn der Mond auf seinem Laufe einen Stern bedeckt, so wird dieser oftmahls unförmlich, indem er an den Rand tritt. Obgleich dieses auch aus der Beugung des Lichts (Naturl. 523.) erklärt werden kann, so ist doch, in Verbindung mit andern Er-

scheinungen, eine Brechung der Lichtstrahlen noch wahrscheinlicher die Ursache. An der Lichtgränze zeigt sich ein matt abfallendes Licht, welches, bey genauer Betrachtung durch große Fernröhre, nicht ganz von der Schiefe der auffallenden Strahlen und dem Halbschatten, sondern zum Theil von einer Schwächung des Sonnenlichts durch die Atmosphäre des Mondes zu entstehen scheint. Noch deutlicher nimmt man eine Schwächung des Lichts an steilen Bergen in der Nachtseite, nahe bey der Erleuchtungsgränze, wahr. Die Dünne und Reinheit der Mondsatmosphäre macht unsern Begleiter soviel geschickter, unsere Nächte zu erleuchten. Die Erde, deren Oberfläche über 13mahl größer ist als des Mondes, vergilt demselben seinen Dienst vielleicht nicht einmahl gleich, wegen unserer oft getrübten Atmosphäre, der großen Meeresfläche und des überhaupt dunkelfarbigen Bodens unseres festen Landes.

77. Die Beschaffenheit der Mondsberge giebt zu erkennen, daß dieser Weltkörper durch sehr heftige Naturwirkungen seine Gestalt erhalten habe. Die Trichtergebirge sind wahrscheinlich durch den Ausbruch einer höchst elastischen Flüssigkeit entstanden, welche, wie Pulver in einer Mine, das Gestein heraussprengte, und es zu einem Walle ringsherum aufhäufte. Wirklich hat Hr. Schröter bey einigen Trichtergebirgen gefunden, daß der Inhalt des Walles dem Inhalte der Einsenkung nahe gleich kam. Die Wallgebirge mit eingeschlossenen Ebenen sind vielleicht durch die Länge der Zeit wieder ausgefüllte Trichter und Becken, oder die Decke war zu fest, und die Wirkung erstreckte sich ringsherum mit einem Durchbruche an den schwächern Stellen. Die kleinern eingreifenden Ringgebirge zeigen, daß auch in folgenden Zeiten Sprengungen in der

der Runde aus einem Heerde geschehen sind. Die Central=
berge sind Wirkungen späterer Erschütterungen. Die
Bergdämme sind vermuthlich da aufgeworfen, wo die
elastische Flüssigkeit sich einen Weg unter dem festern
Erdreiche eröffnen konnte. Fand sie auf diesem Wege
schwächere Stellen, so warf sie einen Trichterberg auf.
Eben diese aus ihren Kerkern befreyte Flüssigkeit bilde=
te etwa den Luftkreis des Mondes. Die großen Wir=
kungen ihrer Ausbrüche werden dadurch begreiflich, daß
die Schwerkraft auf dem Monde viel geringer ist, als
auf der Erde, daher der Druck einer elastischen flüssi=
gen Materie, unter einerley Umständen, dort eine Masse
Gestein höher schleudern muß, als bey uns. Noch ge=
genwärtig scheinen wichtige Veränderungen auf
dem Monde sich zu ereignen. Hr. Schröter fand
in dem Ringgebirge, Hevel benamt, einen Kessel an=
derthalb Meilen im Durchmesser groß, der 10 Mona=
te vorher höchst wahrscheinlich noch nicht da gewesen
war. In dem nordöstlichen Theile des Mondes sieht
man gegenwärtig zwey nicht unbeträchtliche Trichter=
berge, die beiden Helikon, wo Hevel und Riccioli nur
einen gezeichnet haben, obgleich beide sich gleich kennt=
lich darstellen. Cassini zeichnet an der Stelle des ei=
nen nur einen undeutlichen Flecken. Es sind Trichter
von etwa 2000 Klafter Tiefe. In der Nachbarschaft
der Wallebene Plato befindet sich ein sehr kenntliches
Ringgebirge, welches von den ältern Astronomen in
ihren Charten nicht angemerkt ist, ob sie gleich kleine=
re in der Nähe belegene angezeichnet haben. Mehrere
Beyspiele dieser Art findet man in Hrn. Schröters
Werke über den Mond. Einige von dem sorgfältigen
Göttingischen Astronom Mayer angemerkte Central=
berge sind jetzt nicht wahrzunehmen. Hin und wieder
sieht man die Spuren ehemahliger Bergkränze.

78. Auf

Die Astronomie.

78. Auf der Nachtseite des Mondes hat man zuweilen leuchtende Puncte bemerkt, die aber nicht gleich für brennende Vulkane zu halten sind. Gegenden, die das Licht stark zurückwerfen, können auch von dem Erdenlichte erleuchtet sichtbar werden. Hat der Mond gar keine Atmosphäre, so läßt sich Feuer, wie unser irdisches, nicht gedenken; kaum auch in einer dünnen, reinen Luft; phosphorische und elektrische Erscheinungen eher.

79. Merkwürdig ist es, daß der Mond uns immer dieselbe Seite zukehrt. Er muß also während seines Umlaufs um die Erde, in 27 T. 7 St. 43′ 11″, sich um seine Axe drehen. Denn man lasse eine Person um eine andere im Kreise herumgehen, und ihr immer das Gesicht zuwenden, so wird sie in der Zeit eines Herumganges sich einmahl umgedrehet haben. Wegen des ungleichförmigen Laufs des Mondes bekommt man etwas von der entgegengesetzten Seite des Mondes bald an dem östlichen, bald an dem westlichen Rande zu sehen, und auf eben die Art an dem nördlichen oder südlichen Rande, wenn der Mond unter die Ekliptik herabsteigt oder sich darüber erhebt. Diese scheinbaren Drehungen der Mondsscheibe nennt man die Schwankung oder die Libration des Mondes. Die langsame Umwälzung des Mondes um seine Axe verursacht, daß ein Tag auf demselben etwa 13¾ unserer Tage lang ist, und eine Nacht eben so lang. Der Mittelpunct der Mondsscheibe hat Mittag zur Zeit des Vollmondes, Abend im letzten Viertheile, Mitternacht beym Neumonde, Morgen im ersten Viertheile. Durch den langen Aufenthalt der Sonne über dem Horizonte eines Ortes auf dem Monde muß der Boden und die Luft sehr erwärmt, so wie durch die lange Abwesenheit der Sonne sehr erkältet werden. Vielleicht

leicht dienen die großen Abgründe gleichsam als Eiskeller, die Hitze bey Tage zu mäßigen, und verbreiten des Nachts die in ihnen erwärmte Luft. Ein Wechsel der Jahreszeiten ist auf dem Monde nicht, weil die Axe dieses Weltkörpers fast senkrecht auf die Ebene der Ekliptik steht, und er, in Vergleichung mit der Entfernung von der Sonne, sich nur wenig über diese Ebene auf der einen oder andern Seite erhebt. Das Erdenlicht kommt nur den Bewohnern der uns zugekehrten Seite zu Statten. Den in der Mitte des Mondes sich aufhaltenden schwebt die Erde immer über ihrem Haupte; denen am Rande der Mondsscheibe wohnenden zeigt sie sich nur am Horizonte, entzieht sich ihnen auch, wegen der Schwankung des Mondes; den Bewohnern der Gegenseite kommt sie gar nicht zu Gesichte.

80. Die Sonne sieht man an ihrem Umfange immer scharf begränzt. Sie ist also kein flammendes Feuermeer; auch keine glühende große Kohle, die längst mit Asche oder Schlacken bedeckt seyn müßte, wenn sie von der Art wie unsere glühenden Körper wäre. Unsere brennenden Materien verlöschen ohne den Zutritt der Luft, und verbreiten ihre Wärme nur auf eine kleine Entfernung. Ein Körper, welcher, wie die Sonne, zur Erleuchtung und Erwärmung anderer Weltkörper bestimmt ist, muß von einer ganz andern Beschaffenheit seyn, als diese, welche wir nicht errathen mögen. Sie kann an sich ein dunkler Körper seyn, der mit einer eigenthümlichen Lichtsphäre, einer ziemlich dichten, an sich nicht leuchtenden Luftgattung, umgeben ist, und vermittelst dieser auf eine äußerst feine, durch den ganzen Weltraum verbreitete feine Materie, den Äther, wirkt. Gewöhnlich erblickt man auf der Sonne einzelne oder mehrere Flecken, von veränderlicher Größe und ungleicher Dauer, unordent=

ordentlich gestaltet, gewöhnlich in der Mitte ein schwarzdunkler Kern, mit einem Nebel oder blassern Schatten umgeben, theils auch ohne einen lichtern Nebel oder als ein dunkler Rauch, mit einer äußerst unbestimmten Gränze. Zuweilen findet man eine große Menge Flecken, die durch einen gemeinschaftlichen lichten Nebel zusammenhängen. Innerhalb der dunkeln Flecken und ihrer Nebel zeigen sich oft vergängliche, helle Lichtadern. Merkwürdig sind die lichtern Stellen, die Sonnenfackeln, welche sich auf der reinen Sonnenscheibe durch ihren weißen hellern Glanz unterscheiden, einzeln oder haufenweise. Wenn viele beyeinander liegen, so erscheinen sie wie ein mit kleinen Wolken bestreuter Himmel. Diese Sonnenfackeln entstehen vielleicht von Bewegungen in der Lichtsphäre der Sonne, die Flecken an verdünnerten oder vertieften Stellen, wo man den dunkeln Körper der Sonne durch die Lichtsphäre erblickt.

81. Die Flecken haben alle eine gemeinschaftliche Bewegung vom östlichen Sonnenrande zum westlichen; kommen auch manchmahl an dem östlichen Rande wieder hervor, nachdem sie am westlichen verschwunden waren; bewegen sich an den Rändern langsamer und in der Mitte geschwinder, sind dort schmäler, hier breiter; wie es natürlich ist, weil man die Theile an den Rändern unter einem kleinern Winkel wegen ihrer schiefen Lage sieht, vorausgesetzt, daß die Sonne eine große Kugel ist, übereinstimmig mit diesen Erscheinungen. Die Flecken sind $13\frac{1}{4}$ Tage sichtbar, und bleiben eben so lange auf der hintern Seite der Sonne für uns unsichtbar. Daraus folgt nach Cassini, daß sich die Sonne in 25 T. 14 St. 8 Min. um ihre Axe drehet. Dies ist weniger als zweymahl $13\frac{1}{4}$, weil durch die Fortrückung der Sonne gegen Morgen die Wiedererschei-

erscheinung der Flecken verspätet wird. Ganz genau ist die Umwälzungszeit der Sonne nicht bekannt. Neuere Astronomen haben sie gefunden 25 T. 13 St. 44 oder 27 Min., auch nur 25 T. 10 St. Die letztere Bestimmung ist von Hrn. de la Lande. Die Verschiedenheit der Resultate möchte anzeigen, daß die Flecken keine feste Stelle auf dem Sonnenkörper haben, wie es oben von den Flecken des Jupiters auch bemerkt ist. Aus der Richtung der Bewegung der Flecken hat man geschlossen, daß der Aquator der Sonne einen Winkel von etwa 7° 20' mit der Ekliptik macht, die Axe der Sonne also einen Winkel von 82° 40'. Die meisten Sonnenflecken zeigen sich, selbst dann, wenn die Sonne damit gleichsam übersäet zu seyn scheint, innerhalb einer Zone von etwa 20 Grad auf beiden Seiten des Äquators derselben, am häufigsten zunächst dieses Kreises, vornämlich in einer südlichen Abweichung von 6 bis 7 Graden.

82. Die Fixsterne erscheinen selbst durch vortreffliche Fernröhre nur als glänzende Puncte. So ungeheuer ist ihr Abstand, daß starke Vergrößerungen sogar ihren Durchmesser nicht merklich machen. Nur Hrn. Herschels größere Teleskope sind vermögend, Sterne als kleine leuchtende Scheiben darzustellen. Sonst kann aber auch die Zerstreuung der Strahlen in einem Fernrohre den Sternen einen scheinbaren merklichen Durchmesser geben.

VII. Die Kometen.

83. Diese Himmelskörper haben ihren Namen von dem neblichten Schweife, den beynahe alle mit sich führen. Sie haben gemeiniglich nur ein blasses Licht, und scheinen mit vielen Dünsten umgeben zu seyn. Man hat sie ehedem wohl nur für Lufterschei-

nungen gehalten, allein alsdann müßten sie von verschiedenen Orten der Erde an verschiedenen Stellen des Himmels gesehen werden, welches nicht geschieht. Sie erscheinen nur auf eine kurze Zeit, nähern sich der Sonne, und entfernen sich wieder von ihr auf eine Art, die deutlich genug anzeigt, daß sie ihren Lauf um sie herum nehmen. Die Richtung ihres Laufs geht sowohl von Morgen gegen Abend als von Abend gegen Morgen, unter allen möglichen Neigungen der Bahnen gegen die Ekliptik. Die scheinbare Geschwindigkeit derselben ist zuweilen sehr beträchtlich. Der Komet von 1472 gieng 120 Grade in einem Tage, der von 1760 in eben der Zeit 41 Grade. Die Anzahl der Kometen ist sehr groß. Ein Schriftsteller des vorigen Jahrhunderts hat mit großer Mühe die Geschichte von 415 Kometen, die bis 1665 erschienen sind, mit Einschluß aller Erdichtungen und Unglückshistorien geliefert. Ein neuer französischer Schriftsteller, Pingré, hat noch viel mehrere Nachrichten von Kometen gesammelt. Er rechnet aber nur 380 in den ältern Zeiten als sicher. Lufterscheinungen mögen oft für Kometen angesehen worden seyn. Man hat bis zum Jahre 1790 von 81 Kometen die Lage und Gestalt der Bahnen mehr oder weniger genau bestimmt. Einer derselben ist mehrmahls erschienen, nämlich in den Jahren 1006, 1080, 1155, 1230, 1305, 1380; Jun. 1456; Aug. 1531; Oct. 1607; Sept. 1682; März 1759; jedesmahl nach einer Zwischenzeit von 75 bis 76 Jahren, das letztemahl ein wenig später. Man war geneigt, die Kometen von 1532 und 1661 für denselben zu halten, weil sich viele Übereinstimmung in ihren Bahnen zeigte. Es hätte also dieser um das Jahr 1790 erscheinen sollen; allein die um diese Zeit erschienenen haben einen ganz andern Lauf gehabt. Ob die Kometen von 1264 und 1556 dieselben gewesen sind, wird das Jahr 1848 lehren. Es können unsern Augen manche Kometen entwischen, wenn sie entweder zu klein, unscheinbar und zu ferne sind, um von uns gesehen werden zu können, man müßte sie denn in den weiten Gefilden des Himmels glücklicher Weise mit dem Fernrohre antreffen. Oder sie sind nur bey Tage über unserm Horizonte, wie man einmahl bey Gelegenheit einer großen Sonnenfinsterniß einen Kometen gefunden hat; oder sie sind nur in den südlichen Theilen der Erde sichtbar. Die neuern Astronomen sind in Aufsuchung der Kometen sehr emsig gewesen. Die Hälfte der berechneten 81 Kometen ist seit 1739 beobachtet, und ein Viertheil seit 1770.

Einige Kometen haben mit ihrem Schweife eine sehr ansehnliche, ja furchtbare Größe gehabt. Ohne der ältern zu gedenken, erwähne ich nur der beiden von 1680 und 1744. Jener ist einer der gewaltigsten, die man gesehen hat. Sein Schweif erstreckte sich am Himmel 60 oder 70 Grade weit. Der Körper selbst glänzte nur wie ein Stern der zweyten Größe. Der Komet von 1744 hatte einen fächerförmigen Schweif, der sich 24 Grade weit erstreckte. Er war nur halb erleuchtet, wie der Mond in den Viertheilen, zum Beweise, daß auch die Kometen ihr Licht von der Sonne erhalten. Der Komet von 1769 hatte einen über 40 Grad langen Schweif. Der Berechnung seines kleinsten Abstandes von der Erde zufolge muß der Schweif über zwey Millionen deutsche Meilen lang gewesen seyn.

Der Schweif ist allemahl von der Sonne abgekehrt. Ob er uns groß oder klein erscheint, hängt nicht bloß von seiner wahren Größe, sondern auch von seiner Lage gegen unser Auge ab. — Von den Bahnen dieser Weltkörper im folgenden Abschnitte.

Zweyter Abschnitt.
Entwickelung der wahren Bewegungen der Himmelskörper.

I. Gestalt und Größe der Erde.

84. Wir haben bisher noch nicht daran denken können, die Gestalt und Größe des Weltkörpers, welchen wir bewohnen, zu bestimmen, ohne welches es aber unmöglich ist, zu den Messungen der himmlischen Bewegungen zu gelangen.

Daß unsere Erde von Morgen gegen Abend eine abgerundete Gestalt habe, beweisen die Umschiffungen, welche man nun schon häufig von Morgen gegen Abend oder auch umgekehrt vollendet hat. Von Süden nach Norden und von Norden nach Süden hat man, wegen des Eises um die Pole, die Erde nicht geradezu umfahren können; man hat aber das Meer um den Südpol ganz umschifft; es zeigen auch die Vergleichungen des zurückgelegten Wegs mit den Beobachtungen am Himmel, man mag seyn wo man will, daß die Erde auch von Norden nach Süden kugelförmig gekrümmt ist. Je weiter man nach Süden kömmt, desto mehr erheben sich die südlichen Sterne über den Horizont, und die nördlichen werden niedriger. Dieses fände allenfalls auch statt, wenn die Erde von Norden nach Süden gerade aus gestreckt wäre; allein alsdenn müßten die Sterne in einer sehr geringen Entfernung von uns seyn, und an verschiedenen Orten der Erde könnte ihre Lage gegen einander nicht einerley erscheinen. Dazu kömmt, daß der Schatten der Erde auf dem Monde immer ohne merklichen Fehler kreisrund

rund erscheint, welches bloß bey einer Kugelfigur oder einer wenig davon abgehenden statt findet. Wenn ein Schiff auf der See sich vom Ufer entfernt, so verliert man am Horizonte zuerst den Körper desselben aus den Augen, zuletzt die Spitzen der Masten. Sichtbare Beweise von der Krümmung der Erde.

85. Wir wollen fürs erste die Erde eine vollkommene Kugel seyn lassen. Man wird hoffentlich keine Schwierigkeit dabey finden, wie ein solcher Körper bewohnt seyn könne, ohne daß unsere Gegenfüßer herabfallen. Die Richtung der Schwere geht immer nach dem Mittelpuncte der Erde. Wo man auch seyn mag, hat man diesen immer gerade unter den Füßen, und glaubt sich auf dem obersten Puncte der Kugel. Es giebt eigentlich keinen obersten Punct auf der Erdkugel.

86. Denjenigen Durchmesser der Erde, welcher mit der scheinbaren Axe der Himmelskugel parallel ist, oder welches gleichgültig ist, in diese Axe fällt, wollen wir auch die Axe der Erde nennen; die Endpuncte desselben die Erdpole, einen den Nordpol, den andern den Südpol. Den großen Kreis, der in allen seinen Puncten gleich weit von diesen Polen, nämlich um 90 Grade absteht, nennen wir auch den Aequator, oder, wenn man will, den Mittelkreis, wiewohl der Ausdruck noch nicht angenommen ist, ja aber nicht Mittagslinie. Die mit dem Äquator parallel gezogenen kleinern Kreise heißen Parallelkreise. Die großen Kreise durch die Pole nennt man Meridiane, oder Mittagskreise. Der Äquator und die Meridiane liegen mit den himmlischen Kreisen gleicher Benennung in einer Fläche: die Parallelkreise auf der Erde aber mit denen am Himmel nicht, sind aber doch ihnen parallel. Die Kreise, welche wir (Fig. 1.) am Himmel uns vorgestellt haben, können also alle auf die Erde übergetragen werden, der Äquator und die

Me

Meridiane durch die Durchschnitte ihrer Ebenen mit der Erdfläche, die Parallelkreise durch Kreise, deren Abstand von dem Erdäquator durch ähnliche Bogen der Meridiane wie am Himmel gemessen wird.

87. Es stelle (Fig. 8.) der Kreis APQp einen Meridian auf der Erde vor, auf welchem P der Nordpol der Erde, p der Südpol ist. Die gerade Linie AEQ ist die Hälfte des Äquators auf der Erdfläche; KR, ST sind Parallelkreise in der Entfernung von $23\frac{1}{2}$ Graden von dem Äquator; DHE und FIG Parallelkreise in der Entfernung von $66\frac{1}{2}$ Graden, welche wie jene auf einem Meridian gemessen werden. Wenn die Sonne sich im Äquator am Himmel befindet, so steht sie senkrecht über den Örtern, die auf dem Erdäquator liegen. Wenn sie nach Norden bis zum Wendekreise des Krebses, oder nach Süden zum Wendekreise des Steinbocks fortgerückt ist, so ist sie dort den Bewohnern des Parallelkreises KR, hier denen des ST zu Mittage senkrecht. Wenn die Sonne über R senkrecht steht, so erstreckt sich die Erleuchtung bis D über den Pol P hinaus, reicht aber auf der andern Seite nur bis G, so daß alle Gegenden um den Nordpol bis an den Kreis DHE während eines täglichen Umlaufes der Sonne Tag, alle Gegenden aber um den Südpol bis an FIG Nacht haben. So wie die Sonne wieder nach dem Äquator zurückkehrt, wird der beständig erleuchtete Theil um den Nordpol, und der beständig im Finstern liegende um den Südpol kleiner. Steht die Sonne über dem Äquator senkrecht, so haben alle Gegenden der Erde Tag und Nacht gleich. Geht sie auf die andere Seite hinüber, so wechseln die Erscheinungen auf der südlichen und nördlichen Hälfte mit einander. Dies verhält sich wirklich auch so, zu einem neuen Beweise für die Kugelgestalt der Erde. Die Kreise DHE, FIG heißen **Polarkreise**; jener der ark-

tische oder nordliche, dieser der antarktische oder südliche.

88. Weil die Fixsterne in gleichen Welten von einander erscheinen, man mag sie von welchem Orte der Erde man will betrachten, so ist der Halbmesser der Erde gegen die Entfernung der Sterne von uns für nichts zu schätzen, und es ist bey ihren Beobachtungen von der Oberfläche der Erde eben so gut, als wenn man sie in dem Mittelpuncte selbst anstellete. Allenthalben auf der ganzen Erde ist man in dem Mittelpuncte der Himmelskugel.

89. Die Lage eines jeden Orts auf der Erde, wie L, wird durch die Entfernung LB vom Äquator auf dem Meridiane PLBp, und durch die Lage dieses Meridians gegen einen gewissen andern Meridian als PAp bestimmt. Der Bogen LB heißt die Breite des Orts L, der Winkel seines Meridians mit dem angenommenen PAp seine Länge. Das Maaß dieses Winkels ist der Bogen AB des Äquators zwischen den Meridianen PAp und PLBp.

90. Der Bogen LB selbst ist es nicht, der die Breite ausdruckt, sondern vielmehr der dazu gehörige Winkel am Mittelpuncte der Erde. Dieser ist der Polhöhe des Ortes gleich. Es sey APQp (Fig. 9.) die Erde, C ihr Mittelpunct, L ein Ort auf der Oberfläche, HLR die Horizontebene desselben, LZ eine lothrechte Linie durch L, die unbestimmt zu verlängernde pL die scheinbare Axe der Himmelskugel, die darauf senkrechte La ein Halbmesser des Äquators am Himmel. Mit pL ziehe man durch den Mittelpunct der Erde C den Durchmesser PCp parallel, so ist dieser die Axe der Erde, und die darauf senkrechte ACQ ist ein Durchmesser des Erdäquators. Durch den Mittelpunct C gedenke man sich mit der Horizontebene HR des Ortes L eine Ebene hr parallel, so ist diese die auf

den

den Mittelpunct der Erde übergetragene Horizontebene des Ortes, und in Absicht auf die Fixsterne mit dieser gleichgültig. Die Polhöhe pLR des Ortes L ist, wegen des Parallelismus der Linien pL, PC, dem Winkel PCr gleich, oder dem Winkel der Axe mit der Horizontallinie hr in der Ebene des Meridians. Die Ergänzung der Winkel ACL und PCr zu einem Rechten ist derselbe Winkel PCL, also ist ACL gleich PCr, oder **die Breite des Ortes ist der Polhöhe desselben gleich.** — Der Winkel aLZ ist gleich ACL, oder der Abstand des Zeniths vom Äquator am Himmel ist die Breite des Ortes auf der Erde.

91. Die Länge eines Ortes oder die Lage seines Meridians zu bestimmen, muß man einen Meridian als den ersten annehmen. Dieser sey PAp (Fig. 8.). Der Winkel des Meridians PBp mit PAp, oder das Maaß desselben, der Bogen des Äquators AB, wird von Abend gegen Morgen in einem fort bis zu 360° gerechnet, oder man zählt nur bis 180° auf der Morgen- oder Abendseite von PAp, und unterscheidet die östliche oder westliche Länge.

92. Den ersten Meridian zieht man entweder durch ein berühmtes Observatorium, als das von Paris, Greenwich, Berlin, Wien, Petersburg u. a. Oder man nimmt mit den französischen und den mehresten Geographen den Meridian der Insel Ferro, der westlichsten unter den kanarischen Inseln, für den ersten an, eigentlich einen Meridian, der gerade 20 Grad westlicher liegt, als der von der Pariser Sternwarte. Folgendes Verzeichniß merkwürdiger und möglichst genau bestimmter Örter, nach ihrer Länge und Breite, ist theils aus Hrn. Bode astronomischem Jahrbuche für 1788, theils aus den neuen Sonnentafeln des Hrn. von Zach genommen. Einige wenige mit einem Sterne bemerkten sind von mir

zugesetzt. Die mit einem † bezeichneten Angaben sind minder zuverlässig. Der in der letzten Columne angegebene Zeitunterschied wird zu der Berliner Zeit addirt, wenn der Ort östlich liegt, subtrahirt, wenn er westlich liegt. Dieses Verzeichniß wird dienen, die Charten, welche man gebraucht, zu prüfen.

Namen der Örter.	Länge.			Breite.			Unterschied der Uhrzeit von der Zeit zu Berlin.		
	Gr.	M.	S.	Gr.	M.	S.	St.	M.	S.
Alexandrien	47	56	30	31	11	20 N.	1	7	36 O.
Amsterdam	22	31	30	52	21	56	0	34	4 W.
Berlin, Sternw.	31	2	30	52	31	30	0	0	0
Bologna, Stw.	29	1	0	44	29	36	0	8	6 W.
* Bombay	90	20	0	18	57	0	3	57	10 O.
Bourdeaux	17	5	15	44	50	18	0	55	49 W.
Bagdad, Stw.	62	2	30	33	19	40	2	4	0 O.
Cadix	11	22	45	36	32	0	1	18	39 W.
* Calcutta	106	8	0	22	33	0	5	0	22 O.
Canton	130	43	15	23	8	0	6	38	43 O.
Cayenne, Insel	325	25	0	4	56	18	4	22	30 W.
Constantinopel	46	36	15	41	1	0	1	2	15 O.
Copenhagen Stw.	30	15	30	55	51	4	0	3	8 W.
Danzig, Sternw.	36	18	0	54	21	9	0	21	2 O.
Dresden	31	21	45	51	2	54	0	1	17 O.
Drontheim	28	2	0	63	26	2 N.	0	12	2 W.
Dublin	11	21	45	53	21	11	1	18	43 W.
Genf	23	48	45	46	12	17	0	28	55 W.
Genua	26	15	45	44	25	0	0	19	7 W.
Gotha, Stw. bey	28	23	45	50	56	17	0	10	38 W.
Göttingen, Stw.	27	34	30	51	31	54	0	13	52 W.
Greenwich, Stw.	17	40	0	51	28	40	0	53	30 W.
Greifswald Stw.	31	13	15	54	4	35	0	0	43 O.
Hamburg	27†	46	0	53	36	0	0	13	6 W.
Lima	300	50	30	12	1	15 S.	6	0	48 W.
Lissabon	8	31	30	38	42	20 N.	1	30	4 W.
London, Pauls-kirche	17	34	15	51	30	49	0	53	53 W.
Madrid	14	10	45	40	25	18	1	7	27 W.

Die Astronomie.

Namen der Örter.	Länge.			Breite.			Unterschied der Uhrzeit von der Zeit zu Berlin.		
	Gr.	M.	S.	Gr.	M.	S.	St.	M.	S.
Manheim, Stw.	26	7	30	49	29	15 N.	0	19	40 W.
Manilla	138	31	0	14	35	36	7	9	54 O.
Marseille	23	1	45	43	17	43	0	32	3 W.
Mexiko	277†	34	15	19†	54	0	7	33	53 W.
Moskau	55	26	15	55	45	20	1	37	35 O.
Neapolis	31	54	15	40	50	15	0	3	27 O.
Oxford, Sternw.	16	24	30	51	45	40	0	58	32 W.
Paris, Kön. Stw.	20	0	0	48	50	14	0	44	10 W.
Pekin, Sternw.	134	5	30	39	54	13	6	52	12 O.
Petersburg Stw.	47	59	30	59	56	23	1	7	48 O.
Philadelphia	302	25	45	39	56	55	5	54	27 W.
Pondichery	97	31	30	11	55	42	4	25	56 O.
* Port Jackson, Neuholland	168	59	30	33	52	30 S.	9	11	48 O.
Portobello	297	50	0	9	33	5 N.	6	12	50 W.
Prag, Sternw.	32	5	0	50	5	47	0	4	10 O.
Quebeck	307	47	0	46	55	0	5	33	2 W.
Quito	299	45	0	0	13	20 S.	6	5	10 W.
Rom (Röm. Collegium)	30	9	30	41	53	54 N.	0	3	32 W.
* San Joseph auf Kalifornien	267	57	30	23	3	20	8	12	20 W.
Smyrna	44	59	45	38	28	7	0	55	49 O.
Stockholm, Stw.	35	44	15	59	20	31	0	18	47 O.
Tahiti, J. Venusspitze	227†	6	15	17†	29	13 S.	10	55	45 W.
Teneriffa, J. Pin	1	8	0	28	12	54 N.	1	59	32 W.
Tobolsk	86	5	0	58	12	30	3	40	10 O.
Tornea	41	52	0	65	50	50	0	43	18 O.
Turin	25	20	0	45	4	14	0	22	50 W.
Upsal, Sternw.	35	18	15	59	51	50	0	17	3 O.
Venedig	29	44	30	45†	27	7	0	5	12 W.
* Vorgeb. d. g. H. Capstadt	36	4	30	33	55	15 S.	0	10	8 O.
Warschau	58	40	45	52	14	28 N.	0	30	33 O.
Wien, Sternw.	34	2	30	48	12	36	0	11	0 O.
Wilna, Sternw.	42	55	0	54	41	2	0	47	30 O.

93. Die Sonne vollendet ihren täglichen scheinbaren Lauf von Morgen gegen Abend um die Erde in 24 Stunden. Man theile den Äquator in 24 gleiche Theile, deren jeder also 15 Grade enthält, so kömmt die Sonne in einen Meridian, der 15 Grade westlicher liegt, als ein anderer, eine Stunde später als in diesen; in einen, der 30 Grad westlicher liegt, zwey Stunden später; und so überhaupt in Verhältniß des Winkels, welchen der westliche Meridian mit dem östlichen macht. Alle Örter unter dem westlichen Meridiane sind daher mit ihrer Zeit an der Uhr, die bey dem Durchgange der Sonne durch den Meridian genau 12 zeigt, gegen den östlichen soviel zurück, als der Winkel beider Meridiane beträgt, wenn man für 15 Gr. eine Stunde rechnet. Daher verlieren Reisende, welche die Erde von Morgen gegen Abend umfahren, bey ihrer Zurückkunft einen ganzen Tag, und gewinnen eben soviel, wenn sie von Abend gegen Morgen ihren Lauf nehmen. Nun werde eine Himmelserscheinung, die sich allen Bewohnern der Erde zu gleicher Zeit zeigt, als der Anfang oder das Ende einer Mondsfinsterniß, der Eintritt eines Mondsfleckens in den Schatten oder sein Austritt, die Verfinsterung oder Wiedererscheinung eines Trabanten des Jupiters, an zwey Örtern unter verschiedenen Meridianen beobachtet. An dem einen werde sie um 10 Uhr 12 Min. Abends, an dem andern um 1 Uhr 50 Min. des nächsten Morgens wahrgenommen. Der Unterschied der Zeit ist 3 St. 38 Min. Daher ist der Unterschied der Länge, um welchen der erstere Ort westlicher liegt, 54° 30'. Weiß man nun die Länge des einen Ortes in Absicht auf den ersten Meridian, so weiß man die Länge des andern gleichfalls. Die Jupiterstrabanten sind wegen ihrer häufigen Verfinsterungen besonders bequem zu der Erforschung der Länge. Hat

man

man eine unter allen Umständen richtig gehende Uhr, stellt sie an einem Orte nach dem wahren Mittage, und nimmt sie nach einem andern Orte mit sich, so wird sie hier die Zeit weisen, die man an dem erstern Orte zählt; vergleicht man diese mit der wirklichen Zeit nach Mittage, so hat man den Unterschied der Zeiten, und damit den Unterschied der Länge *).

Man wird nunmehr begreifen, daß ohne Astronomie es nicht möglich ist, auf der Erde die Lage entfernter Örter gegen einander anzugeben.

94. Es stelle (Fig. 10.) AB den Bogen eines Meridians der Erde vor, deren Mittelpunct C ist. Dieser werde auf das genaueste gemessen. Man beobachte an beiden Endpuncten A, B, die Entfernung eines und desselben Sterns vom Zenith im Meridiane, nämlich die Winkel ZAS, YBS. Wegen der großen Entfernung des Sterns sind AS, BS für parallel zu halten. Der Winkel u, unter welchem BS die Linie AZ schneidet, ist dem Winkel ZAS gleich (Geom. 30.), und u + ACB = YBS (Geom. 34.), also ist ZAS + ACB = YBS, und ACB = YBS — ZAS, dem Unterschiede der Entfernungen des Sterns vom Zenith. Nun mache man die Proportion: Wie ACB zu 360 Grad, so der Bogen AB zum Umfange der Erde. Dieser wird dadurch bekannt, und mit ihm der Durchmesser der Erde und der Halbmesser AC.

95. Freylich ist diese Operation die größte und schwerste in der ganzen praktischen Geometrie. Der Bogen AB muß wenigstens einen Grad groß seyn, weil sonst der etwanige Fehler auf den ganzen Umfang zu sehr anwächst. Ein Grad hält 15 deutsche Meilen. Eine solche große Entfernung läßt sich nicht unmittel-

---

*) Tragbare Uhren, deren Gang ungemein genau ist, werden jetzt vorzüglich in England gemacht.

telbar messen. Man muß mehrere Standpuncte längs und neben der Mittagslinie nehmen, ihre Lage gegen einander und gegen die Mittagslinie genau bestimmen, indem man die Dreyecke zwischen ihnen mißt und an einander hängt, um daraus den Abstand der Parallelkreise durch die beiden äußersten Örter zu finden. Die erste genaue Messung dieser Art ist die, welche Picard im Jahr 1669 vornahm. Er maß bey Paris eine Grundlinie von 5663 Toisen oder Klaftern zu 6 Fuß, hängte immer ein Dreyeck an das andere bis nach Amiens, und fand durch trigonometrische Berechnung dieser Dreyecke den Abstand der Parallelkreise des nördlichsten und südlichsten Standortes 78850 Toisen. Der Unterschied der Breite ward durch astronomische Beobachtungen 1° 22′ 55″ groß gefunden. Demnach machen 57057 Toisen hier einen Grad aus. Man hat in gegenwärtigem Jahrhunderte diese Messungen wiederholt, und die Länge eines Grades 57069 Toisen gefunden. Picard selbst findet nach einer andern Vergleichung 57064 Toisen, und nimmt 57060 T. als das Mittel an. Um noch größere Bogen zu erhalten, verlängerte Cassini gleich mit Anfange dieses Jahrhunderts den Meridian von der Pariser Sternwarte bis an die pyrenäischen Gebirge, und bestimmte seine Länge durch trigonometrische Messungen. Er fand die Entfernung von der Sternwarte bis an den Parallelkreis von Colloure an der spanischen Gränze, 360648 Toisen, und nach der Reduction auf die Meeresfläche 360614 T. Weil der Unterschied der Breite 6° 18′ 57″ beträgt, so folgt die Länge eines Grades 57097 Toisen, 37 mehr als nach Picard. In dem Jahr 1718 wurde eben der Meridian bis nach Dünkirchen verlängert, und man fand die Entfernung der beiden Standörter zu Paris und Dünkirchen 125454 T. den Unterschied der

der Breite 2° 12′ 9″ ½, also die Größe eines Grades 56960 T. das ist 100 Toisen weniger als nach Picard. Die Größe eines Grades aus der Entfernung der Parallelen von Collioure und Dünkirchen ist 57060 Toisen.

96. Es schien also, die Erde sey keine vollkommene Kugel, sondern werde nach den Polen hin krümmer, weil die Grade nach Norden hin kleiner werden. Ein kleinerer Zirkel hat eine größere Krümmung, ein größerer eine kleinere. Allein physikalische Gründe machten es gewiß, daß die Erde nach dem Äquator höher und krümmer, nach den Polen niedriger und flächer seyn müsse. Es wurde also eine doppelte Reise zur Messung der Meridiangrade veranstaltet, eine nach dem Nordpole hin, die andere nach Peru. Dorthin begab sich Maupertuis mit seiner gelehrten Gesellschaft, hierhin Bouguer, Condamine, die beiden Ulloa, zwey spanische Officiere, und mehrere. Mit wie vielen Mühseligkeiten diese Reise verknüpft gewesen, läßt sich in der Kürze gar nicht beschreiben *). Maupertuis fand im Jahr 1736 in einer Breite von 66 Grad die Größe eines Grades 57438 Toisen, wovon aber wegen der Strahlenbrechung 16 abzuziehen sind, so daß der nordische Grad 57422 Toisen ist, 362 T. größer als der mittlere französische Grad. Die andere Gesellschaft stellte ihre Messungen in dem hohen Thale der Cordilleras bey Quito an, und vollendete ihre noch weit schwerere Arbeit erst im Jahr 1741, ob sie gleich schon 1735 abgereiset war. Sie hatten einen Bogen von mehr als 3 Grad zwischen hohen Bergen gemessen. Nach Bouguers Angabe ist der erste Grad der Breite 56753

---

*) Man sehe den Auszug aus des Ulloa Reisebeschreibung in dem IX. Bande der allgemeinen Historie der Reisen nach.

56753 Toisen, also 307 T. kleiner als der mittlere französische.

97. Die große Frage war nun entschieden. Die Erde wird nach den Polen hin flächer, nach dem Aequator hin krümmer. Sie ist ein um die Pole gedrucktes **Sphäroid**. Bestände die Erde ganz aus Wasser, so würde sie durch die Umdrehung um ihre Axe die Gestalt eines *elliptischen Sphäroids* annehmen, das ist, eines solchen, das durch die Umdrehung einer Ellipse (Geom. 280.) um ihre kleine Axe entsteht. Ohne die Umdrehung würde sie die Gestalt einer Kugel haben. Die elliptische Form bleibt auch, unter gewissen Bedingungen, bey einem festen Körper, der ganz oder zum Theil mit Wasser bedeckt ist. Nun bestimmen zwey gemessene Grade auf einem elliptischen Sphäroid die Ellipse, nach welcher die Meridiane gekrümmt sind. Allein die in Frankreich, Peru und Lappland angestellten Messungen geben ziemlich verschiedene Verhältnisse der großen und kleinen Axe, die in Frankreich und in Peru, wie 311:310; die in Frankreich und Lappland, wie 129:128; die in Peru und Lappland, wie 215:214. Auch die außer diesen Messungen sonst noch in Europa, in Pensylvanien und am Vorgebirge der guten Hoffnung angestellten ergeben, daß die Meridiane, wenigstens auf dem festen Lande, keine Ellipsen sind. Darum suchte Bouguer eine Formel für eine krumme Linie, in welche sich die drey Grade in Peru, Frankreich und Lappland fügen. In dieser ist

   der Durchmesser des Aequators 6562026 Toisen
   die Axe = = = 6525377 —
   Unterschied = = =   36649 —

Rechnen wir 3800 T. auf eine deutsche Meile, so beträgt der Unterschied über $9\frac{1}{2}$ Meilen. Ich bin durch diese Berechnung veranlaßt worden, das Gesetz für eine

Die Astronomie.

eine krumme Linie zu finden, in welche sich sieben gemessene Grade mit einem sehr geringen Fehler, nicht über 26 Toisen, fügen. In dieser ist

der Durchmesser des Äquators	6559981 Toisen
die Axe der Erde	6524894 —
Unterschied	35087 —

Das Verhältniß des Äquatoreal- und Polar-Durchmessers ist hier nahe 187:186; in der von Bouguer gefundenen krummen Linie ist es 179:178.

98. Der Umfang eines Meridians ist in der von mir berechneten Linie 20556000 Toisen; der Umfang des Äquators 20608788 T., das Mittel beider 20582394 T. Der Durchmesser eines Kreises, dessen Umfang so groß als dieses Mittel ist, beträgt 6551580 T. Man nehme die Erde für eine Kugel, deren Durchmesser diese Größe hat, und deren Umfang jenes Mittel ist. Nach rheinländischem Maaße (30 rheinl. Fuß für 29 Pariser gerechnet) hält der Durchmesser 6777496 Klafter, der Umfang 21292132 Klafter.

Das Mittel der beiden gefundenen Durchmesser ist etwas kleiner als der so eben bestimmte, nämlich 6542437 Toisen.

99. Man pflegt einem Grade des Äquators 15 deutsche oder geographische Meilen zu geben, deren also der Umfang 5400 und der Durchmesser 1719 beynahe enthält. Eine solche Meile ist daher auf der hier angenommenen Kugel 23658 rheinl. Fuß groß. Die Oberfläche der Erde enthält 9281916 geographische Quadratmeilen. Der körperliche Inhalt der Erde beträgt etwas über 2659 Millionen Cubikmeilen.

100. Bey astronomischen Vergleichungen ist es bequemer, dem Halbmesser der Erde, welcher unsere

Meßruthe am Himmel seyn wird, 1000 gleiche Theile zu geben, deren jeder 20332 rheinl. Fuß oder 19655 pariser Fuß enthält. Ich will diesen Theil eine astronomische Meile nennen. Eine geographische Meile verhält sich zu einer astronomischen nahe wie 57 zu 49.

II. Parallaxe und Refraction.

101. Ein Himmelskörper, der eine mit dem Halbmesser der Erde vergleichbare Entfernung von uns hat, erscheint einem Beobachter auf der Oberfläche der Erde nicht an demselben Orte am Himmel, wo er ihn erblicken würde, wenn er in dem Mittelpuncte der Erde stünde. Es sey nämlich (Fig. 11.) C der Mittelpunct der Erde, A der Ort eines Beobachters, Z dessen Zenith, L der Ort des Mondes oder eines Planeten. Der Winkel ZAL ist für A die Entfernung dieses Weltkörpers vom Zenith, die für einen Beobachter im Mittelpuncte der Erde ZCL seyn würde. Beider Unterschied ist der Winkel ALC, welcher die Parallaxe heißt. Um soviel scheint L dem Beobachter in A niedriger als in C. Am Horizonte ist die Parallaxe am größten, und heißt daselbst die Horizontalparallaxe. Es sey AM eine horizontale Linie für A, der Weltkörper in M, so ist der Winkel AMC in dem rechtwinklichten Dreyecke CAM größer als jeder anderer parallaktische Winkel. Weiß man diesen Winkel, so kann man daraus sehr leicht die Entfernung des Weltkörpers CM vermittelst des Halbmessers AC berechnen (Geom. 230.). Oder weiß man CM, so ergiebt sich dadurch der Winkel M. Die andern parallaktischen Winkel, wie L, werden aus der Horizontalparallaxe nach einer einfachen trigonometrischen Regel bestimmt.

Die Horizontalparallaxe ist auch die Hälfte des Winkels, unter welchem der Durchmesser der Erde von dem Weltkörper aus gesehen wird.

102. Das begreiflichste Mittel, die Parallaxe zu erfahren, ist folgendes. Unter demselben Meridiane beobachten an zwey möglichst entfernten Örtern A, B, (Fig. 12.) zwey Beobachter den Planeten P zu gleicher Zeit. In A sehe man ihn unter dem Winkel PAZ, in B unter dem PBY vom Zenith entfernt. Der Winkel ACB am Mittelpuncte ist die Summe der geographischen Breiten beider Örter A und B, wenn sie auf verschiedenen Seiten des Äquators liegen, wie es am vortheilhaftesten ist. Aus den Halbmessern AC, BC, und den drey Winkeln bey A, C, B, läßt sich die Figur ACBP zeichnen, und also PC mit AC vergleichen. Was sich zeichnen läßt, läßt sich noch genauer berechnen *). Sollten die beiden Örter nicht genau unter demselben Meridiane liegen, und die Beobachtungen nicht genau zu derselben Zeit geschehen, so muß man den Lauf des Planeten so weit kennen, daß man die Beobachtungen gehörig reduciren kann.

103. Auf diese Art haben de la Caille und de la Lande, jener am Vorgebirge der guten Hoffnung, dieser zu Berlin, nebst andern Astronomen in

---

*) In dem Dreyecke ACB, wo AB die geradlinichte Entfernung der beiden Oerter ist, lassen sich aus AC, BC und dem Winkel ACB die Winkel CAB und CBA nebst AB berechnen (Geom. 234.). Zieht man CAB und PAZ von zwey Rechten ab, so bleibt der Winkel PAB übrig. Eben so wird auf der andern Seite der Winkel PBA gefunden. In dem Dreyecke APB wird aus AB und den beiden anliegenden Winkeln jeder der Schenkel AP, BP berechnet (Geom. 231.), und endlich in dem Dreyecke CAP aus AC, AP und dem Winkel CAP die Seite CP. Eben dies findet man aus der Berechnung des Dreyecks CBP.

Europa, Beobachtungen über den Mond angestellt, um die Entfernung dieses Weltkörpers zu erfahren, und das Gesetz, nach welchem sie sich ändert, zu bestimmen. Die Entfernung des Mondes ist sehr veränderlich, zwischen 63,725 und 55,839 Halbmessern des Äquators der Erde. Rechnet man $3811\frac{1}{4}$ Toisen auf eine geographische Meile, so fällt die Entfernung zwischen 54838 und 48052 Meilen, so daß die mittlere 51445 Meilen beträgt. Die größte Horizontalparallaxe des Mondes für einen Ort unter dem Äquator ist 61′ 34″, die kleinste 53′ 57″. Dieses sind die Gränzen des Winkels, unter welchem der Halbmesser des Äquators vom Monde aus gesehen wird.

104. Aus der Entfernung, es sey der größten oder kleinsten, oder sonst einer bekannten, und dem Winkel, unter welchem der Halbmesser des Mondes erscheint, wird dessen wahre Größe bekannt (Geom. 230.). Der größte scheinbare Durchmesser des Mondes, in der kleinsten Entfernung, ist 33′ 31″; der kleinste, in der größten Entfernung, ist 29′ 22″ (51.). Aus beiden folgt, mit einer geringen Abweichung, der **Halbmesser des Mondes**, $\frac{2722}{10000}$ des Halbmessers des Äquators der Erde, oder er hält $234\frac{1}{4}$ geogr. Meilen. Der mittlere Durchmesser der Erde hält nahe 1719 Meilen, also verhält sich dieser zu dem Durchmesser des Mondes nahe wie 11 : 3. Die Oberfläche des Mondes, als einer Kugel angenommen, ist $13\frac{1}{4}$ mahl kleiner, als die der Erde, und der körperliche Inhalt $49\frac{1}{3}$ mahl kleiner. (Geom. 219. 220.)

105. Auf eben die Art sind am Vorgebirge der guten Hoffnung und in Stockholm Entfernungen des Mars vom Zenith zu gleicher Zeit beobachtet worden. Diese

Diese gaben für die Horizontalparallaxe dieses Planeten nur 23″ 6/10, also dessen Entfernung, zu damahliger Zeit, 8740 Halbmesser der Erde. Bey dem Jupiter und Saturn und der Sonne ist diese Methode nicht anwendbar, weil die parallaktischen Winkel so klein ausfallen, daß sie sich nicht mehr messen lassen. Diese Weltkörper müssen also sehr weit von uns seyn.

106. Eine andere Ursache, welche die Himmelskörper von ihrem wahren Orte verrückt, ist die **Refraction** oder **Strahlenbrechung**. Die Strahlen, welche aus dem Himmelsraume auf die Atmosphäre schief einfallen, werden nach dem Perpendikel hingebrochen, oben in der dünnern Luft wenig, unten in der dickern Luft mehr. Wir urtheilen von dem Orte eines Gegenstandes nach der Richtung, in welcher wir die Strahlen von ihm empfangen; also werden wir einen Stern nicht da sehen, wo er wirklich steht, sondern etwas höher. Es sey (Fig. 13.) BAC ein Stück von der Oberfläche der Erde; DEF ein Theil der Atmosphäre, die hier aber um der Deutlichkeit willen zu hoch gezeichnet ist. Der Strahl SG, welcher bey G in dieselbe geht, wird durch die beständige Brechung, indem er aus einer dünnern Luftschicht in eine dichtere geht, nach einer krummen Linie GA gebogen, und ein Beobachter in A sieht den Stern nach der Richtung der krummen Linie in A, nämlich nach AH, und setzt ihn irgendwo in die Linie AH, statt daß er ihn in AS, die parallele mit sG, setzen sollte. Je niedriger der Stern steht, desto stärker ist die Erhöhung seines Ortes, aber nie so stark, als sie hier gezeichnet ist. Am Horizonte ist sie am stärksten, weil der Einfallswinkel da am größten ist. Ein Gestirn kann unter dem Horizonte seyn, und noch sichtbar werden, wenn nämlich der Strahl IK von demselben so nach KA gekrümmt wird,

wird, daß er das Auge in A trifft, welches nun den Stern nach AL am Horizonte oder noch darüber erblickt, da er noch um den Winkel LAM unter demselben sich befindet. Dadurch werden die Tage verlängert, und die lange Nacht der Polarländer wird merklich verkürzt. So sahen einige Niederländer, die 1597 auf Novazembla überwinterten, zu ihrer großen Freude die Sonne viel eher wieder, als sie sie erwarteten. In Tornea am bothnischen Meerbusen, das noch um einen Bogen von 41 Min. vom Polarkreise entfernt liegt, sieht man in den längsten Tagen die Sonne gar nicht untergehen, ob sie gleich wirklich unter dem Horizonte ist, eine Erscheinung, die Carl XI. von Schweden mit großem Vergnügen wahrgenommen hat.

107. Die Strahlenbrechung läßt sich auf folgende Art bestimmen. Es sey (Fig. 2.) Z das Zenith des Beobachters, P der Pol, Pn die Polhöhe seines Orts, S ein Stern, dessen Höhe SA oder Entfernung vom Zenith ZS er zu einer gewissen Zeit beobachtet. Er beobachte auch die Zeit des Durchganges dieses Sterns durch den Meridian (14). Die Zeit von jener Beobachtung zu dieser giebt den Winkel ZPS in dem sphärischen Dreyecke ZPS, wenn man die Proportion macht, wie die Zeit von einem Durchgange durch den Meridian zu dem nächsten sich verhält zu der Zeit von der Beobachtung der Höhe des Sterns bis zu seinem Durchgange durch den Meridian, so verhalten sich 360 Grade zu dem Winkel ZPS. Aus diesem Winkel, und ZP (dem Complement der Polhöhe) und PS (dem Complement der Declination) läßt sich ZS berechnen. Die Polhöhe und Declination mögen hier noch die ohne die Verbesserung der Strahlenbrechung, nach (9 und 10) bestimmten seyn. Vergleicht man nun die berechnete

rechnete Entfernung ZS mit der beobachteten, so giebt der Unterschied die Strahlenbrechung für diese Entfernung beynahe zu erkennen. Hat man die Höhe SA so ausgesucht, daß sie mit der niedrigsten des Sterns, den man zur Beobachtung der Polhöhe nach (9) genommen hat, übereinkömmt, so kann man nun auch die Polhöhe verbessern, daher auch die Abweichung des Sterns. Mit diesen verbesserten Größen berechne man ZS aufs neue, so wird die Strahlenbrechung für die Entfernung ZS noch genauer bekannt. Die kleinen Strahlenbrechungen zu erforschen, gehört für die feinere Astronomie. Die Erhöhung eines Sterns durch die Brechung am Horizonte, d. i. der Winkel LAM der mit IK parallelen AM und der horizontalen AL (Fig. 13.), beträgt 32′ 54″, etwas mehr als der scheinbare Durchmesser des Mondes oder der Sonne; in der Höhe von 45° nur 57″. Nach der Dichtigkeit und Wärme der Luft ist sie ein wenig veränderlich.

108. Wenn die Sonne sich schon unsern Augen entzogen hat, so werden doch ihre Strahlen eine Zeitlang noch von den obern Theilen der Atmosphäre zurückgeworfen, woraus die Abend=Dämmerung entsteht, so wie aus einer ähnlichen Ursache die Dämmerung vor Aufgang der Sonne. Die Dämmerung, bey einerley Stande der Sonne, wird nach den Polen hin immer länger. Die langen Nächte der Nordländer werden dadurch beträchtlich verkürzt. In unsern Gegenden ist um den längsten Tag herum die Luft 10 Wochen lang die ganze Nacht hindurch von den Sonnenstrahlen mehr oder weniger erhellet. Für Berlin ist den 1. März und 11. Octob. die Dämmerung am kürzesten, und dauert nur 1 St. 58′, nach welcher Zeit alle Strahlen aus der Luft verschwunden sind.

109.

109. Ohne die Atmosphäre würde es allenthalben, wo die Sonne nicht unmittelbar hin scheinen könnte, stockfinster seyn. In einem gegen Norden belegenen Zimmer würde man zu Mittage Licht anzünden müssen, wenn man nicht die Sonnenstrahlen durch Spiegel und ähnliche Mittel hineinleiten könnte. Jetzt werden die Strahlen auf mannigfaltige Arten zurückgeworfen, daß sie allenthalben hingelangen. Ohne die Luft würden wir die Sterne auch bey Tage, und zwar auf dem schwärzesten Himmelsgrunde sehen. Jetzt macht das mannigfaltig zurückgeworfene Sonnenlicht den Eindruck des Sternenlichts unmerklich. Ohne unsere Luft würde der Übergang von der schwärzesten Finsterniß zum vollen Lichte, oder von diesem zu jener fast plötzlich seyn, und unsern Augen sehr beschwerlich fallen. Ohne sie würde der Himmel weder die angenehme blaue Farbe, noch den bunten Schmuck der Wolken haben.

III. Die Erde dreht sich um ihre Axe.

110. Da die Sterne so weit von uns entfernt sind, daß eine Länge von einigen tausend Meilen für nichts dagegen zu rechnen ist, so wird es schon unwahrscheinlich, daß sie einen so ungeheuern Weg alle 24 Stunden um unsere Erde beschreiben sollten. Kein Körper kann, ohne eine äußere wirkende Ursache, die Richtung seiner Bewegung ändern (Naturl. 10.); wie sollte aber die Erde jeden Stern in seinem Parallelkreise zu laufen nöthigen können? Der Glanz der Sterne bey ihrer großen Entfernung beweiset, daß sie sehr ansehnliche Körper, ohne Zweifel weit größer als unsere Erde seyn müssen, welche man also wol nicht um unsere kleine Erde zusammen wird laufen lassen wollen. Die Planeten beschreiben, auch ohne die tägliche Bewegung,

wegung, so sonderbare Laufbahnen, die sich aus keiner Mechanik erklären lassen, wie viel unbegreiflicher wird nicht ihr Lauf, wenn damit die tägliche Bewegung um die Erde verknüpft wird. Es wird also viel natürlicher seyn, die Erde sich um ihre Axe von Abend gegen Morgen in der Zeit eines Sterntages (23.) einmahl drehen zu lassen, so erfolgen alle Erscheinungen eben so, als wenn sich die Himmelskörper alle in 24 St. von Morgen gegen Abend herumdreheten. Die Axe der Erde, wenn sie unbestimmt verlängert wird, trifft auf die beiden unbeweglich scheinenden Pole der Himmelskugel. An einigen Planeten haben wir eine drehende Bewegung um ihre Axe wahrgenommen. Gehört unsere Erde, wie sich bald zeigen wird, mit unter die Planeten, so kann an dem täglichen Umschwunge derselben vollends kein Zweifel seyn. Man wird hoffentlich nicht fragen, wie es möglich sey, daß wir diesen schnellen Umschwung nicht merken. Wie wenig spürt man in einem sanft hingleitenden Schiffe die fortrückende Bewegung! Der Umschwung der Erde ist vollkommen gleichförmig, daher gar nicht zu empfinden. Ehedem hat man wol den Einwurf gemacht, daß eine senkrecht in die Höhe geschossene Kanonenkugel weit westwärts niederfallen müßte, wenn die Erde von Westen nach Osten sich drehete. Aber die Kanonenkugel hat in der Mündung schon die Bewegung von Abend gegen Morgen mit der Kanone gemeinschaftlich, und behält sie während des Steigens und Fallens *).

111. Wir haben aber einen sehr einleuchtenden Beweis aus der Erfahrung selbst für die Umdrehung der Erde. Ein französischer Astronom, Richer, der im Jahr 1671 nach der Insel Cayenne im südlichen Amerika, nahe beym Äquator, geschickt ward, fand, daß

*) Vergl. Naturl. 10.

daß seine von Paris mitgenommene sehr gute Uhr daselbst alle Tage um 2 Min. 28″ zurückblieb, und daß ein einfaches Pendel (Naturl. 69.), welches in Cayenne Secunden schlägt, 1¼ Lin. kürzer ist als das Secundenpendel zu Paris. Bouguer hat nach ihm sehr genaue Beobachtungen hierüber angestellt, welche die Länge des Secundenpendels unter dem Äquator an der Meeresfläche 36 Zoll 7,21 Lin. geben. In Paris ist sie 36 Zoll 8,58 Lin., und würde im luftleeren Raume 36 Z. 8,67 Lin. seyn. Zu Pello in Lappland ist sie 36 Z. 9″,17. Die Kraft der Schwere ist also unter dem Äquator geringer als in unsern Gegenden, weil dort das Gewicht des Pendels nicht so geschwinde fällt, als bey uns, so daß es verkürzt werden muß, um geschwinder zu fallen.

112. Die Erklärung dieser Erscheinung muß so beschaffen seyn, daß sie eine nothwendige Folge der angenommenen Ursache ist. Bewegt sich die Erde um ihre Axe, so entsteht dadurch in allen Körpern ein Schwung, der sie von dem Mittelpunct der Erde zu entfernen strebt, folglich ihre Schwere vermindert. Unter dem Äquator ist der täglich beschriebene Kreis viel größer als der von Paris beschriebene Parallelkreis; es ist dort also die Schwungkraft größer, und die Schwere wird mehr vermindert. Dazu kömmt, daß unter dem Äquator die Schwungkraft der Schwere gerade entgegen wirkt, in unsern Gegenden schief dagegen, und näher nach den Polen hin noch schiefer, woraus nothwendig folgt, daß die Schwere auch darum weniger bey uns vermindert werden müsse, als unter dem Äquator. Die Längen gleichzeitiger einfacher Pendel sind ein bequemer Maaßstab für die Schwerkraft, weil sie sich wie die Fallhöhen in einer Secunde oder einer andern bestimmten Zeit verhalten. Sie nehmen von dem Äquator

nach

nach den Polen hin ziemlich nahe so zu, wie es die Theorie angiebt. Die Abweichungen sind begreiflich, weil die Erde weder ein gleichförmig dichter Körper seyn, noch eine geometrisch regelmäßige Figur haben wird.

113. Newton unternahm es schon, aus mechanischen Gründen das Verhältniß des Äquatoreal- und Polar-Durchmessers zu berechnen. Er leitet es aus dem durch die Cassinischen Messungen in Frankreich bestimmten Halbmesser der Erde, der Umdrehungszeit (23 T. 56′ 4″. §. 12.) und der Pendellänge oder der Fallhöhe zu Paris her. Seine Methode ist noch nicht mathematisch vollkommen; er führt in Gedanken einen Kanal von dem einen Pole nach dem Mittelpuncte, und von diesem aufwärts zu dem Umfange des Äquators, füllt denselben mit Wasser, und berechnet das Verhältniß der Schenkel, damit das Wasser sich das Gleichgewicht halte. Dieses Verhältniß findet er 229:230, beynahe dasselbe mit demjenigen, welches neuere Mathematiker durch eine genaue Berechnungsart gefunden haben, nämlich 230:231 oder auch 2307:2317. Ich selbst finde das Verhältniß 2301:2311 nächstens. Die Erde wird hiebey als ein gleichartiges elliptisches Sphäroid angesehen.

Man muß sich nicht wundern, daß die Mathematiker dergleichen Messungen in ihrem Cabinette vornehmen. Es giebt einen gewissen, wiewohl ziemlich verwickelten Zusammenhang der Größe, zwischen dem größten und kleinsten Durchmesser der Erde, der Umdrehungszeit und der Fallhöhe unter dem Äquator, oder auch derjenigen an einem andern Orte und der Größe des Meridian-Grades an demselben, so daß aus den meßbaren Größen das Verhältniß der nicht meßbaren geschlossen werden kann. Das Verhältniß 230:231 stimmt freylich nicht mit demjenigen überein,

ein, welches in (97.) aus den Gradmessungen gefolgert ist. Auch finde ich aus der Vergleichung der Pendellängen unter dem Äquator, und in Paris das Verhältniß des Äquatoreal- und Polar-Durchmessers wie 171:170, und aus den Pendellängen unter dem Äquator und zu Pello in Lappland, wie 1804:1794, ziemlich so wie nach der Rechnung in (97.). Weil wir die Beschaffenheit des Innern der Erde nicht kennen, so bleibt eine kleine Ungewißheit in der Bestimmung der Gestalt der Erde. Erfahrung und Theorie stimmen aber genug überein, um versichert seyn zu können, daß die Erde sich wirklich um ihre Axe dreht. Das feste Land, auf welchem unsere Messungen angestellt sind, hat nicht die Gestalt eines Wasserkörpers. Es hat seine Bildung durch große Naturwirkungen, ohnezweifel zu gewissen Absichten, zum Besten der organisirten Wesen, erhalten. Die feste Masse unsers Erdkörpers zwischen den Wendekreisen ist zum Theil auch höher als der übrige Theil, damit hier nicht alles von dem Wasser, das sich wegen des Umschwunges nach dem Äquator hindrängt, überschwemmt seyn möchte.

114. Am Jupiter sehen wir die Wirkung des Umschwunges um seine Axe sehr deutlich. Er ist fast 11mahl größer im Durchmesser als unsere Erde, und dreht sich in 9 St. 56 M. einmahl um seine Axe (70.). Daher ist die Verminderung der Schwere auf dem Äquator dieses Planeten viel stärker als bey uns, und verursacht eine viel größere Abplattung. Newton berechnete das Verhältniß des größten und kleinsten Durchmessers, wie 31:28. Die neuesten Beobachtungen geben den Unterschied beider Durchmesser kleiner (70.). Clairaut findet aus der Theorie das Verhältniß derselben nahe wie 10:9. Ich erhalte bey dem Verhältnisse 14:13 die Umlaufszeit 11 St. 36'.

Ju=

Die Astronomie.

Jupiter scheint um den Äquator herum dichter zu seyn, als nach den Polen.

115. Mars ist beträchtlich abgeplattet (72.), obgleich die Verminderung der Schwere auf seinem Äquator geringer ist als bey uns, da er fast nur halb so groß im Durchmesser ist als die Erde, und seine Umdrehungszeit noch etwas mehr als 24 Stunden beträgt. Die Schwere muß auf demselben also viel geringer seyn als bey uns, da eine kleinere Verminderung eine viel größere Ungleichheit der Durchmesser hervorbringt.

IV. Wahre Bewegungen der Himmelskörper.

116. Den in (60.) beschriebenen Lauf der obern Planeten einigermaßen zu erklären, mußte man in der alten Astronomie annehmen, daß sie nicht unmittelbar um die Erde ihre Bahnen beschrieben, sondern sich auf besondern Kreisen (Epicyklen) bewegten, deren Mittelpuncte auf excentrischen Kreisen um die Erde herumgetragen würden. Dabey mußte man die sehr willführliche Hypothese machen, daß sie in der Opposition mit der Sonne allemahl gerade in dem untersten uns nächsten Puncte ihres Epicyklus wären, in der Conjunction aber in dem obersten von uns entlegensten. Die untern Planeten, Venus und Merkur, mußte man entweder auch solche Epicyklen beschreiben, oder sie als Trabanten der Sonne mit dieser um die Erde laufen lassen. Dieses ist die ptolemäische Weltordnung, welche man nur erklären darf, um ihre Ungereimtheit zu zeigen. Mit den mechanischen Gesetzen verträgt sie sich gar nicht. Sie hat soviel willführliches und unerklärbares, daß sie auch darum schon zu ver-

verwerfen ist. Eine Hypothese taugt sicher nichts, wenn man willkührliche Nothsätze hineinbringen muß. Das ptolemäische System ist inzwischen 1400 Jahr lang (ich rechne nur von Ptolemäus bis zum Copernicus) allgemein anerkannt worden.

117. Weil zwey Planeten offenbar um die Sonne laufen, so könnte man die andern drey auch als Trabanten der Sonne zugeben, und sie mit dieser um die Erde herumlaufen lassen. So wird es in der tychonischen Weltordnung angenommen, die aber allen Grundsätzen der Mechanik widerspricht, wie man aus dem dritten Theile der Astronomie mehr einsehen wird. Sie ist auch sehr unnatürlich. Zwey Planeten, die der Sonne näher sind als die Erde, und vier, die weiter von ihr sind, sollen um die Sonne herumlaufen, und wir wollten unsere Erde ausschließen, sie, die eine dunkle Kugel ist, wie die andern Planeten, wie diese Licht und Wärme von der Sonne empfängt, und in mehrern Stücken ihnen ähnlich ist. Saturn und Jupiter sind gewiß größer als unsere Erde, wie man aus der Vergleichung der Winkel, unter welchen ihre Durchmesser erscheinen, mit ihrer auch nur muthmaßlich anzunehmenden Entfernung (vergl. 106.) wissen kann. Die Sonne aber muß unsere Erde an Größe gewaltig übertreffen, da sie ohngeachtet ihrer so großen Entfernung dennoch unter einem Winkel von etwa 32' erscheint. Sie ist die Beherrscherinn unsers Planetensystems.

118. Die wahre Weltordnung, in welcher die Erde mit dem Monde und die übrigen Planeten mit ihren Trabanten um die Sonne ihre Laufbahnen beschreiben, heißt die Copernicanische, weil Copernicus um die Mitte des sechzehnten Jahrhunderts die Dreistigkeit hatte, sie an die Stelle eines ungereim-

reimten Systems zu setzen. Einige alte Philosophen, besonders aus der pythagoräischen Schule, hatten sie lange vorher schon behauptet. Sie war aber von der ptolemäischen ganz unterdrückt worden. Wir wollen nun sehen, wie die oben angeführten Erscheinungen nothwendige Folgen dieses Systems sind.

119. Die Erde beschreibe also ihren Kreis (ich nehme Kreis allgemein für Laufbahn) um die Sonne von Abend gegen Morgen, so wird die Sonne eben soviel von Abend gegen Morgen unter den Sternen fortzurücken scheinen. Wenn wir die Sonne z. B. im 10ten Grade des Löwen sehen, so wird ein Beobachter auf der Sonne unsere Erde im 10ten Gr. des Wassermanns erblicken, und die Bahn der Erde wird von der Sonne aus gesehen genau dieselbe mit der scheinbaren Bahn der Sonne oder der Ekliptik seyn. Die Axe der Erde bleibt bey der Bewegung derselben sich parallel, wie die Axe eines Kreisels, den man auf einer Tafel herumträgt. Sie ist unter einem Winkel von 66° 32' gegen die Ebene der Laufbahn der Erde geneigt. Die Durchschnittslinie des Erdäquators mit der Fläche der Ekliptik geht verlängert nach den Puncten des Himmels, welche oben die Äquinoctialpuncte genannt sind, und eine Linie, die wir von einem Puncte auf der Oberfläche der Erde mit diesem Durchschnitte parallel ziehen, ist mit ihr, wegen der großen Entfernung der Sterne, für einerley zu halten. Die fortgeführte Ebene des Erdäquators schneidet die scheinbare Himmelskugel in demjenigen Kreise, den wir zuerst den Äquator genannt haben. Bekömmt die Erde durch eine äußere Ursache (der Mond ist eine solche) eine schwankende Bewegung, so werden die Erdaxe und der Durchschnitt des Äquators mit der Ebene der Ekliptik ihre Lage ändern; die Länge, Declination und

Rectascension der Gestirne werden sich auch ändern, wie es oben (29.) bemerkt ist; aber die Breite bleibt unverändert, weil die Schwankung der Erde um ihren Schwerpunct geschehen kann, ohne daß dieser dadurch in seiner Bewegung gestört, und aus seiner Bahn gehoben wird. So wird die sonst unerklärbare Erscheinung des Fortrückens der Nachtgleichen und der abwechselnd zu= und abnehmenden Schiefe der Eklíptik begreiflich.

120. Es sey ferner (Fig. 14.) S die Sonne, in einer sehr weiten Entfernung, A der Mittelpunct der Erde, Pp ihre Axe, P der Nordpol, p der Südpol, DC der Äquator, PAS der Winkel der Erdaxe mit der Ekliptik, oder CAS die Schiefe der Ekliptik, den Kreis PDpC stelle man sich senkrecht über der Fläche der Zeichnung aufgerichtet vor. Dieses ist die Lage der Erde um die Zeit des Sommerstillstandes. Man ziehe den Kreis EG, der hier als eine gerade Linie erscheint, senkrecht auf die Ekliptik, so macht er die Gränze der Erleuchtung, und der Parallelkreis EF liegt, so wie alle andere, zwischen ihm und dem Pol P ganz im hellen, um den andern Pol p aber ist der Abschnitt der Erde innerhalb des Parallelkreises GH im dunkeln. Jeder andere nördliche Parallelkreis, dergleichen der hier gezeichnete Wendekreis des Krebses IK ist, wird alsdenn über die Hälfte bis in L erleuchtet, mehr als in jeder andern Lage der Erde, und genießt den längsten Tag; aber jeder südliche Parallelkreis, wie der Wendekreis des Steinbocks MN, liegt über die Hälfte, von M bis O, in Nacht gehüllt, und die Bewohner desselben haben den kürzesten Tag. Ist die Erde auf der andern Seite der Sonne in B, so wechseln dieselben Erscheinungen für den Nord= und Südpol. So wie die Erde von A oder B sich ent=

fernt,

Die Astronomie.

fernt, so nähert sich die Gränze der Erleuchtung den Polen, die Tage nehmen auf der einen Hälfte der Erde ab, auf der andern zu; und wenn sie einen Winkel von 90 Grad um die Sonne beschrieben hat, daß die Erdaxe senkrecht auf die Linie von der Erde nach der Sonne steht, so reicht die Erleuchtung gerade bis an die Pole, und Tag und Nacht sind gleich. Durch eine Weltkugel, die man um ein Licht führt, kann man sich dieses völlig deutlich machen.

121. Unsere Reise um die Sonne vollenden wir in einem Jahre (20), nach dessen Vollendung wir die Sonne wieder an derselben Stelle des Thierkreises sehen. Weil die Frühlings=Nachtgleiche, von welcher wir die Länge an rechnen, sich dem Laufe der Erde entgegen von Morgen gegen Abend bewegt (29.), so sehen wir die Sonne ein wenig eher schon an derselben Stelle des Thierkreises, als wir sie an derselben Stelle des Himmels unter den Fixsternen sehen. Die Zeit des wirklichen Umlaufes um die Sonne, das periodische Jahr oder Sternjahr, ist daher etwas länger, als 365 T. 5 St. 48' 48", welche man das tropische Jahr zu nennen pflegt. Jenes ist 365 T. 6 St. 9' 11", so viel länger als die Erde Zeit braucht, die 50 Secunden Vorrückung der Nachtgleichen zu beschreiben.

122. Der Mond begleitet unsere Erde auf ihrer Reise um die Sonne. Er hat solchergestalt eine doppelte Bewegung. Wenn man an eine Stange eine große und eine kleine Kugel steckte, an ihrem gemeinschaftlichen Schwerpuncte einen Faden befestigte, beide sich darum drehen ließe, und nun sie mittelst des Fadens um die Hand herumschwünge, so würden sie während des Umlaufs um die Hand sich auch um ihren Schwerpunct drehen. Fällt der Schwerpunct nahe an die große Kugel, so wird es scheinen, als liefe diese

diese nur um die Hand herum, und nähme die andere mit. Dieses ist ein Bild von dem gemeinschaftlichen Laufe des Mondes und der Erde um die Sonne. Anstatt der Stange muß man die Kraft der Schwere setzen, wodurch der Mond bey der Erde gehalten wird. An den Trabanten des Jupiters und Saturns sehen wir die Sache mit Augen.

123. Da die Erde sich um die Sonne bewegt, so möchte man, wie es ehemals von einigen wirklich behauptet ist, glauben, daß dieses in der scheinbaren Stelle der Fixsterne eine Veränderung hervorbringen müßte. Es sey (Fig. 15.) S die Sonne, die Erde in A, C ein Stern in der Ebene der Ekliptik, und ASB senkrecht auf CS. Nach einem halben Jahre befinde sich die Erde in B. Nun ist in A der Unterschied der Länge der Sonne und des Sterns der Winkel SAC; in B ist dieser Unterschied der Winkel CBS; der Unterschied der Länge des der Sonne entgegengesetzten Punctes am Himmel nach der Richtung Bb und des Sterns ist der Winkel bBC. Der Unterschied der Winkel SAC und bBC ist der Winkel ACB. Hat der Stern eine vergleichbare Entfernung CS mit SA oder SB, so müßte man in der Länge desselben alle halbe Jahre, wenn er um 90 Grad von der Sonne absteht, einen Unterschied bemerken, welcher dem Winkel ACB gleich ist. Allein mit den besten Werkzeugen, und bey der genauesten Aufmerksamkeit nimmt man keinen Unterschied wahr. Die Linien AC, BC sind also ohne eine für uns merkliche Neigung parallel, und CS ist unvergleichbar groß gegen AS oder AB. Setzt man den Stern in den Pol der Ekliptik, so ist CAS dessen scheinbare Breite in A, und CBS die entgegengesetzte in B; der Abstand des Sterns vom Zenith müßte also zu den beiden Zeiten bey der Culmination um den

Win-

Winkel ACB verschieden seyn. Aber man entdeckt keinen solchen Unterschied an den Sternen um den Pol der Ekliptik. Die übrigen Sterne müßten eine gewisse Veränderung, sowohl in der Länge als Breite, bemerken lassen, die man aber nicht wahrnehmen kann. Also sind alle Sterne so weit von uns, daß die Entfernung der Erde von der Sonne gegen ihren Abstand verschwindet.

124. Wenn der Winkel ACS, oder die Parallaxe des Sterns, eine Secunde beträgt, so ist CS 206265 mahl größer als SA. Wir werden in der Folge (158.) sehen, daß SA etwa 24000 Halbmesser der Erde beträgt, folglich wäre der Stern gegen 5000 Millionen Erdhalbmesser von uns oder der Sonne entfernt. Der nächste Stern ist aber gewiß noch weiter von uns, weil der Winkel C unmeßbar ist. Ist der nächste Stern von der ersten Größe so weit entlegen, wie weit werden nicht die Sterne von der fünften und sechsten Größe, und noch mehr die teleskopischen von uns abstehen? Diese erstaunliche Entfernung der Fixsterne, und die daraus fließende unermeßliche Größe des Weltbaues, ist uns vielmehr ein Beweis für unser System, als ein Einwurf dagegen, wie sie es selbst einem Tycho war. Was wäre das für eine Welt, wäre sie würdig des größten und weisesten Baumeisters, wenn menschliche Augen sie übersehen, menschliche Werkzeuge sie messen könnten? Laßt uns von der Ausdehnung eines Werks der ewigen Macht größere und würdigere Begriffe fassen, als die Alten, zu sehr an niedrige Vorstellungen von der Gottheit durch Erziehung und Religionssystem gewöhnt, sich bilden konnten, oder als die barbarische Philosophie der mittlern Zeiten, die das höchste Wesen durch metaphysische Spitzfündigkeiten ergrübeln, nicht aus seinen Werken

kennen lernen wollte, zu geben im Stande wär. Die Erde, ja unser ganzes Planetensystem mag ein Punct gegen das große Ganze seyn; das Licht mit seiner unbegreiflichen Geschwindigkeit mag Jahrhunderte gebrauchen, ehe es von manchen Fixsternen zu uns kommen kann; jeder Stern sey eine Sonne, welche ihr Planeten- und Kometensystem hat wie unsere Sonne, die ein Fixstern gleich den andern ist; alle Sterne, welche wir sehen, seyn nur ein einzelnes System unter unzähligen, deren einige uns nur ihren Schimmer wie Nebelsterne zusenden; jede Sonne, jeder Planet, jeder Trabant eines Planeten sey mit Geschöpfen und empfindenden Wesen von einer immer abgeänderten Natur bevölkert: was ist der kühnste Flug unserer Einbildungskraft gegen die Unermeßlichkeit und Mannigfaltigkeit der Schöpfung?

125. Wir wollen nun sehen, wie die sonderbaren Erscheinungen in dem Laufe der obern Planeten (60.) nothwendig aus der Bewegung der Erde um die Sonne folgen. Es sey (Fig. 16.) ABCD der Kreis der Erde, PQRX eines der obern Planeten, in der Zeichnung des Mars. Diese gehen langsamer als die Erde um die Sonne in Absicht auf die Winkelbewegung, weil die Stellen der Opposition vom Abend gegen Morgen auf einander folgen. Nun sey die Erde in A, der Planet in P, in Opposition mit der Sonne, und werde von A aus neben einem Sterne S gesehen. Jene sey nach einiger Zeit in a, dieser in p. Man lege aS parallel mit APS, so sind beide Linien ohne merklichen Unterschied nach demselben Sterne gerichtet, und der Planet wird in p rechter Hand des Sternes S gesehen, scheint also vom Morgen gegen Abend zurückgegangen zu seyn. Die rückgängige Geschwindigkeit des Planeten wird aber immer kleiner, weil der Lauf

der

der Erde gegen die Gesichtslinie nach dem Planeten immer schiefer geneigt wird, bis daß in Q der Planet den Bogen Qq und die Erde in B den Bogen Bb beschreibt, so daß bq der BQ parallel ist. Hier scheint der Planet still zu stehen, weil sein Abstand von den Sternen, neben welchen man ihn in B sah, in q sich nicht geändert hat. Zieht man hier bS parallel mit APS, so scheint der Planet um den Winkel qbS seit der Opposition zurückgegangen zu seyn. Auf den Stillstand nach dem Rückwärtsgehen folgt das Vorwärtsgehen, anfangs langsamer, hernach geschwinder. Die Erde sey in C, wenn der Planet in R ist, und beschreibe den Bogen Cc, während daß dieser den Bogen Rr durchläuft, so scheint der Planet in dieser Zeit von der rechten nach der linken Hand, oder von Abend gegen Morgen gerückt zu seyn, um den Winkel Kcr, wenn cK parallel mit CR gezogen wird. Denn die Stelle des Himmels, an welcher der Planet von C aus in R erschien, scheint in c auf der Linie cK zu liegen. Schneller rückt der Planet vorwärts, wenn er in V, und die Erde in D sich befindet, weil die Bewegung Vv der Dd mehr entgegengesetzt ist. Am schnellsten rückt er vorwärts in der Conjunction, wenn die Erde auf der einen Seite der Sonne als in A, der Planet auf der andern in X ist, weil da die Richtungen sich in Absicht auf die Linie AX entgegengesetzt sind, so wie er in der Opposition am geschwindesten zurückgeht, weil er daselbst mit der Erde in Absicht auf AP einerley Richtung hat. Die größte Geschwindigkeit im Rücklaufen ist hier nothwendig mit dem kleinsten Abstande des Planeten, und die größte im Vorwärtsgehen mit dem größten Abstande des Planeten verbunden. So ist die eine Art der Ungleichheit erklärt, welche sich nach dem Stande des Planeten gegen die Sonne richtet. Die andere in (61.) bemerkte

Ungleichheit muß daher rühren, daß der Lauf der Planeten nicht gleichförmig ist, und vielleicht auf einer andern Linie als der Kreislinie geschieht.

Die Erscheinungen der untern Planeten sind schon oben (57. 58.) erklärt worden. Man darf in der Figur nur die Erde den äußern Kreis, Merkur oder Venus den innern beschreiben lassen.

V. Nähere Bestimmung der Planeten-Bahnen.

126. Die Erde beschreibt ihre Bahn oder wenigstens die Winkel um die Sonne nicht gleichförmig. Von der Frühlingsnachtgleiche bis zu der herbstlichen verfliessen 186 Tage 12 St., von dieser zu jener 178 Tage 18 Stunden.

127. Wir wollen zuerst annehmen, die Erde beschreibe einen excentrischen Kreis gleichförmig, einen solchen nämlich, wo die Sonne außerhalb des Mittelpuncts ist, wie in Fig. 17. wo ABPD die Bahn der Erde, C der Mittelpunct des Kreises, S die Sonne ist. In A ist die Erde am entferntesten von der Sonne, in P ihr am nächsten. Darum heißt A die Sonnenferne (Aphelium), P die Sonnennähe (Perihelium); AP ist die Apsidenlinie; CS die Excentricität*). Der Beobachter auf der Erde versetze sich in

---

*) Die Erde geht im Jahr 1793 den 30. Jun. um 11 Uhr Abends durch das Aphelium, und den 30. December Nachmittags um 2 Uhr durch das Perihelium. Wir sind daher im Winter der Sonne wirklich näher als im Sommer, aber, wie man aus dem folgenden leicht berechnen kann, nur etwa 69000 geographische Meilen; dieses macht bey der großen Entfernung der Erde von der Sonne noch keinen merklichen Unterschied in der Erwärmung.

in Gedanken auf die Sonne, so sieht er die Erde eben
den Weg nehmen, welchen die Sonne ihm von der
Erde aus zu nehmen scheint, nur daß der Ort der
Erde um 180 Grad von dem Orte der Sonne unterschieden ist. In S beurtheilt er den Lauf der Erde
bloß nach den Winkeln, so daß, wenn die Erde den
Bogen DAB über der Chorde DSB durchgelaufen
hat, sie nicht mehr als 180 Gr. beschrieben zu haben
scheint, ob sie gleich um den Mittelpunct mehr als
180 Grad vollendet hat. Daher ist die Zeit auf
DAB länger als auf dem übrigen Theile des Kreises,
auf BPD. Der Unterschied ist am größten, wenn
BSD senkrecht auf AP steht. Weil der Unterschied
der Zeiten, in welchen die Erde von einem Puncte ihrer Bahn zu dem entgegengesetzten in Absicht auf die
Sonne kömmt, um die Nachtgleichen am größten ist,
so ist BSD dem Durchschnitte der Ekliptik mit dem
Äquator fast parallel, oder fast nach den Puncten der
Nachtgleichen am Himmel gerichtet; A fällt nahe bey
dem Anfange des Steinbocks (in 9° 21') und P nicht
weit von dem Anfange des Krebses (in 9° 21'). Von
A rechnet man die Bewegung der Erde an. Die Erde
sey irgendwo in E, so verhält sich die Umlaufszeit oder
ein Jahr zu der Zeit auf dem Bogen AE, wie 360
Grad zu dem Winkel ACE. Mit CE ziehe man Se
parallel, so sollte nach der mittlern Bewegung die
Erde auf Se erscheinen, da sie nach der wahren auf
SE ist. Die Erde ist also um den Winkel ESe oder
SEC zurückgeblieben. Dieser Winkel heißt die **Gleichung der Erde oder der Sonne**. Er ist am größten, wenn BS oder DS senkrecht auf AP steht. Den
Winkel ASe, welcher der Zeit proportional ist, nennt
man die **mittlere Anomalie**, den Winkel ASE die
wahre Anomalie. — In A geht die Erde am
langsamsten, in P am geschwindesten, und hier ist der

mittlere Ort der Erde mit dem wahren einerley. In B und D, oder überhaupt, wo die Gleichung am größten ist, ist die Geschwindigkeit der Erde die mittlere zwischen der größten und kleinsten.

128. Dasjenige Segment des Kreises durch S, in welches das Aphelium fällt, erfordert eine längere Zeit, als ein halbes Jahr, dasjenige, in welches das Perihelium fällt, eine kürzere. Man beobachte zwey Örter der Erde F, G nahe bey A, einen diesseits, den andern jenseits, desgleichen zwey jenen in Absicht auf die Sonne entgegengesetzte f, g um das Perihelium, so ist die Zeit von F bis f größer, als die von G bis g. Wäre jene gerade so viel länger als ein halbes Jahr, als diese kürzer ist, so läge A genau in der Mitte zwischen F und G. Aber auch, wenn die Unterschiede beider von einem halben Jahre nicht gleich groß sind, läßt sich doch der Ort des Aphelium sehr genau aus dem Verhältnisse der Unterschiede angeben. Ist dieser bekannt, so ist es auch die Zeit des Durchganges durch das Aphelium.

129. Man beobachte nun auch den Ort der Erde an zwey entgegengesetzten Stellen um B und D. Aus der Zeit zwischen den beiden Beobachtungen findet man den Winkel am Mittelpuncte DCB, welchen die Erde nach der mittlern Bewegung beschrieben haben sollte: der wahre oder DSB ist 180 Gr. groß. Der Unterschied beider ist die Summe der Winkel CBS und CDS (127.). Sucht man zwey Beobachtungen, wo dieser Unterschied am größten ist, so ist die Hälfte der Winkel CBS oder CDS. Hieraus findet man die Excentricität CS, wenn der Halbmesser CB zur Einheit genommen, oder durch sonst eine beliebige Zahl ausgedrückt wird (Geom. 230.). Die größte Gleichung für die Erde ist 1° 55′ 27″, daher die Excentricität in dieser Hypothese, 336, wenn CB = 10000.

130.

130. Weiter beobachte man an irgend einem andern Orte E die Sonne. Aus der Zeit seit dem Durchgange durch das Aphelium weiß man den Winkel ACE, woraus und aus dem Verhältnisse CE:CS die Gleichung CES nach (Geom. 234.) sich berechnen, und der wahre Ort der Sonne nach der bisherigen Hypothese angeben läßt. Die Vergleichung des berechneten und beobachteten Orts dient, die gemachte Voraussetzung zu prüfen.

131. Man wird finden, daß durch sie die Bewegung der Sonne nicht gehörig dargestellt wird, und daß die obige Excentricität zu groß seyn müsse. Wir wollen darum die Hypothese ein wenig verändern. Die Erde beschreibe noch einen Kreis, wie vorher, aber der Punct, um welchen sie sich gleichförmig bewegt, liege (Fig. 18.) auf der einen Seite des Mittelpuncts C in F, eben so weit davon, als die Sonne S auf der andern. Die Apsidenlinie behält ihre nach (127.) gefundene Lage AP. Die Erde sey in E, so ist nun ihre mittlere Anomalie der Winkel AFE, welcher der Zeit seit dem Durchgange durch A proportional ist, und die wahre Anomalie der Winkel ASE; die Gleichung der Sonne oder der Erde ist der Winkel SEF. Diese ist am größten in B und D, wo BC und DC senkrecht auf AP stehen. Der Winkel BSD ist nunmehr kleiner als zwey Rechte, welche er in der ersten Hypothese gerade ausmachte. Hat man aus den Beobachtungen um B und D den größten Unterschied zwischen der mittlern und wahren Bewegung gefunden, so giebt die Hälfte davon den Winkel SBF, und die Hälfte dieses Winkels SBF in dem rechtwinklichten Dreyecke SBC das Verhältniß SB zu SC, nämlich 10000 zu 168. Hieraus läßt sich für jede Zeit der Ort der Erde angeben, und mit dem beobachteten vergleich-

gleichen. Die Erde sey in E, so sind in dem Dreyecke CEF die Seiten CE, CF und der Winkel AFE (letzterer durch die Zeit) bekannt, woraus erstlich die übrigen Winkel und dadurch die Seite EF gefunden wird. In dem Dreyecke SEF findet man mittelst des Winkels AFE und der Seiten SF und FE den Winkel SEF, den Unterschied zwischen dem mittlern und dem wahren Orte der Sonne *). Man wird die berechneten und beobachteten Örter in dieser Hypothese weit besser mit einander übereinstimmend finden, als in der vorigen.

131. Nun zu den Planetenbahnen, und zwar zuerst zu den obern. Sie bewegen sich zwar nicht in der Ekliptik, allein wir wollen, bis wir erst einige Kenntniß von ihrer Bewegung erhalten haben, ihre Bahnen in die Ekliptik oder die Fläche unserer Erdbahn fallen lassen. Es sey (Fig. 19.) ABHG der Kreis der Erde um die Sonne S; PQR die Bahn des Planeten. Um die Zeit der Opposition, da die Erde in A, der Planet in P ist, beobachte man ihn mehrere Mitternächte hinter einander, um die Zeit zu erfahren, da er der Sonne gerade gegenüber steht. Bey der nächsten Opposition in B und Q desgleichen. Bewegte der Planet sich gleichförmig um S, so könnte man aus dem Winkel, den er beschrieben, und der

dar-

---

*) In dieser Hypothese kann man den geometrischen Satz benützen, daß $ES^2 + EF^2 = 2 CE^2 + 2 CS^2$. Daß der W. SBF größer ist, als jeder andere SEF, erhellt auf folgende Art. Durch die Puncte S, B, F beschreibe man einen Kreis, so ist jeder Winkel an der Peripherie desselben über der Chorde SF so groß, als SBF (Geom. 137.). Dieser Kreis fällt aber innerhalb des Kreises ADPB; folglich ist der Winkel an der Peripherie auf den Linien SE oder FE größer als SEF, das ist, SBF ist größer als SEF.

darauf zugebrachten Zeit die ganze Umlaufszeit finden. Da dieses nicht ist, so muß man viele Oppositionen sammeln, um den Gang des Planeten kennen zu lernen, und seine Umlaufszeit zu bestimmen. In den Oppositionen ist der Ort, wo der Planet von der Sonne aus gesehen wird (der heliocentrische) einerley mit dem, wo er der Erde erscheint (dem geocentrischen). Je mehrere Revolutionen des Planeten zwischen den verglichenen Beobachtungen nahe an derselben Stelle seiner Bahn verflossen sind, desto genauer wird die Umlaufszeit gefunden. Aus dieser suche man eben so wie für die Erde (131.) die Bahn des Planeten, die zuerst gleichfalls als ein Kreis angenommen wird. Vermittelst dieser Hypothese kann man für jede Zeit den heliocentrischen Ort des Planeten, und das Verhältniß seiner Entfernung von der Sonne zu dem Halbmesser seiner Bahn angeben.

133. Die Umlaufszeiten der vier obern Planeten sind folgende *):

	Sternjahr.	Tropisches Jahr.
Mars	686 T. 23 St. 30′ 35″	686 T. 22 St. 18′ 27″
Jupiter	4332 14 27 11	4330 14 39 2
	(11 J. 315 T.)	
Saturn	10759 1 51 11	10745 19 16 15
	(29 J. 167 T.)	
Uranus	30689 18 14	30589 8 38
	(84 J. 8 T.)	

Ein Sternjahr ist die Zeit, in welcher der Planet von der Sonne betrachtet, wieder zu demselben Sterne kömmt; ein tropisches Jahr die Zeit, in welcher er zu demselben Grade der Länge zurückkehrt. Weil der Punct,

*) Aus de la Lande Astronomie, 3. Ausg. §. 1162. nur nicht die daselbst unrichtig angegebene des Uranus, welche mit den Tafeln nicht stimmt.

Punct, von welchem die Länge angerechnet wird, sich vom Morgen gegen Abend, den Planeten entgegen bewegt, so ist das tropische Jahr kürzer, als das siderische oder das Sternjahr.

134. Die Excentricitäten, wenn man den Halbmesser der Bahn jedesmahl 10000 setzt, sind nach den Verbesserungen einer richtigern Theorie folgende:

Mars	Jupiter	Saturn	Uranus
931	481	562	467

135. Man beobachte den Planeten zweymahl, von G und H aus, wenn er an derselben Stelle seiner Bahn, in irgend einem Puncte R ist (Fig. 19.). Die Zwischenzeit beider Beobachtungen ist die Umlaufszeit des Planeten ein oder mehrmahl genommen. Sollte die zweyte Beobachtung in H nicht genau um diesen Zeitraum von der ersten in G entfernt seyn, so kann man aus den in der Nähe von H beobachteten Elongationen des Planeten, oder den Winkeln, wie SHR ist, diesen Winkel für die Zeit, da der Planet in R wieder eintrifft, herleiten. Aus der Theorie des Laufs der Erde sind SG und SH (den Halbmesser der Erdbahn als Einheit oder Maaßstab angenommen) mit dem Winkel GSH bekannt. Der Winkel GSH wird auch durch Beobachtung gegeben, weil er der Unterschied der Länge der Sonne zu den Zeiten der beiden Beobachtungen ist. Daraus wird GH mit den Winkeln SGH, SHG gefunden. Die Winkel SGR, SHR sind aus der Beobachtung bekannt, als die Unterschiede der Länge des Planeten und der Sonne. Zieht man davon jene Winkel ab, so hat man die HGR, GHR, also in dem Dreyecke HGR sowohl GR als HR, und daraus in dem Dreyecke SGR oder SHR die Entfernung RS des Planeten von der Sonne. Da man das Verhältniß dieser Entfernung zu dem Halbmesser der Bahn

Bahn weiß (132.), so kann man endlich den letztern auch durch den Halbmesser der Erdbahn ausdrücken. Giebt man diesem 10000 Theile, so sind, zufolge genauern Untersuchungen, die mittlern Entfernungen der Planeten hier die Halbmesser ihrer Kreisbahnen:

Mars	Jupiter	Saturn	Uranus
15237	52028	95407	191836

136. Am besten wählt man zu diesen Beobachtungen die Stellen um das Aphelium und Perihelium des Planeten, als die sichersten, wobey man zugleich den wichtigen Vortheil hat, daß man die größte und kleinste Entfernung des Planeten von der Sonne, also seine Excentricität, fast unmittelbar aus Beobachtung erhält. — Die erste Beobachtung kann auch bequem zur Zeit einer Opposition angestellt seyn, oder G kann in die Linie SR fallen. Alsdann hat man nur ein Dreyeck SHR zu berechnen, in welchem die Winkel RSH und RHS aus Beobachtung bekannt sind, so wie HS aus der Gestalt der Erdbahn, so weit sie nach dem obigen Verfahren vorläufig bestimmt ist. Hieraus wird die Entfernung des Planeten RS von der Sonne unmittelbar gefunden. — Verbindet man mit den beiden Beobachtungen in G und H noch eine zur Zeit der Opposition auf SR angestellte, so werden alle Winkel in der Figur SHRG bekannt, woraus man die Verhältnisse der Linien in derselben erfährt, so daß man die über die Bahn der Erde gemachte Voraussetzung prüfen kann.

137. Bey den untern Planeten muß man anstatt der Oppositionen die Conjunctionen gebrauchen. Die Venus kann man um die Zeit ihrer Zusammenkünft mit der Sonne bey Tage durch den Meridian gehen sehen, wenn sie weit genug über oder unter ihr sich befindet. In der obern Conjunction jenseits der Son-

Sonne zeigt sie zwar ihre ganze Scheibe, aber sie ist alsdenn klein und glänzt nur schwach. In der untern oder diesseits der Sonne sieht man nur einen kleinen Theil ihrer Scheibe erleuchtet, aber doch ist diese Lage zu Beobachtungen geschickter. Der vortheilhafteste Fall einer untern Conjunction ist, wenn die Venus vor der Sonnenscheibe selbst vorübergeht, welches aber selten geschieht (57.). Beym Merkur fallen die Durchgänge durch die Sonnenscheibe öfterer vor; dagegen entbehrt man bey ihm die andern Beobachtungen der Conjunction mit der Sonne. Doch kann man mit achromatischen Fernröhren (Naturl. 549.) den Merkur so nahe bey seiner obern (jenseitigen) Zusammenkunft sehen, daß dieser Mangel sich ersetzen läßt. Es wird aber eine reine, heitere Luft erfordert, um den Merkur im Meridian zu sehen.

138. Ein andres Mittel geben die **größten Digressionen** oder scheinbaren Entfernungen dieser Planeten von der Sonne (57. 58.). Ruhte unsere Erde mit der Sonne, so würde die Gesichtslinie nach dem Planeten zu der Zeit seiner größten Digression dessen Bahn berühren. Es sey (Fig. 19.) R die Erde, G die Venus, RG eine Berührungslinie in G, so ist der Winkel SRG die größte Digression der Venus von der Sonne. Man suche demnach drey Örter der Erde, wie R aus, ziehe die Gesichtslinien wie RG, und zeichne einen Kreis, der alle drey Linien berührt, welches ein leichtes geometrisches Problem ist. Dadurch erhält man nicht allein die Bahn, sondern auch die Excentricität und Lage der Apsidenlinie nebst der Umlaufszeit, wenn man wie in (131.) einen Mittelpunct der gleichförmigen Bewegung in der Kreisbahn annimmt. Diese Bahn müßte aber wegen der Bewegung der Erde verbessert, und darauf mit andern Beobach-

obachtungen verglichen werden. Die Umlaufszeit, als das erste und wichtigste Stück, erhält man am sichersten aus den beobachteten Durchgängen durch die Sonnenscheibe. Die Bewegung der Venus wird nicht viel Schwierigkeit machen, die des Merkurs desto mehr, als welche sich gar nicht auf einen Kreis bringen läßt. Die Vergleichung der Halbmesser ihrer Bahnen und der Bahn der Erde geschieht wie bey den obern Planeten (135.).

139. Die Umlaufszeiten dieser Planeten sind für

	Sternjahr	Tropisches Jahr
Venus	224 T. 16 St. 49' 10"	224 T. 16 St. 41' 27"
Merkur	87 23 15' 43"	87 23 14' 33"

Ihre Excentricitäten, den Halbmesser jeder Bahn für 10000 genommen, sind für

Venus	Merkur
69	2055

Ihre mittlern Entfernungen von der Sonne, wenn man der mittlern der Erde 10000 Theile giebt, sind für

Venus	Merkur
7233	3871

140. Die Lage der Planetenbahnen gegen die Ekliptik zu bestimmen, beobachte man den Planeten zu der Zeit, da er durch die Ekliptik geht, und suche möglichst genau den Augenblick, da er sich in derselben befand. Für diese Zeit berechne man den Ort desselben, wo er von der Sonne aus gesehen würde. Die Linie durch den Planeten und die Sonne zu dieser Zeit ist der Durchschnitt seiner Bahn mit der Ekliptik, oder die Knotenlinie. Die Puncte, wo die Bahn des Planeten die Ebene der Erdbahn schneidet, heißen die Knoten. Man beobachte ferner zu

der Zeit, da der Planet sich gerade in der Mitte zwischen den Knoten befindet, welche man aus der Theorie seines Laufs schon ziemlich genau wissen kann, die Breite desselben, und sage, wie seine Entfernung von der Sonne zu seiner Entfernung von der Erde, so verhält sich diese beobachtete Breite zu der Breite, wie sie von der Sonne aus gesehen würde. Diese ist dem Winkel seiner Bahn mit der Ekliptik gleich. Mit diesen Elementen der Knotenlinie und der Neigung muß die Theorie des Laufs berichtigt werden, und daraus wieder die Lage der Bahn. Die aufsteigenden Knoten, oder die Durchschnittspuncte, in welchen ein Planet sich nach Norden über die Erdbahn erhebt, liegen zwischen 45° und 103° der Länge, also innerhalb eines Bogens von etwa 58°.

141. Die Bahnen der Planeten sind unter kleinen Winkeln gegen die Ekliptik oder die Bahn der Erde geneigt. Diese sind für

Merkur	7° 0′ 0″	Jupiter	1° 18′ 56″
Venus	3 23 35	Saturn	2 29 50
Mars	1 51 0	Uranus	0 46 20

142. Die Planeten bewegen sich nicht in Kreisen. Bis auf Keplern, oder bis gegen das Ende des sechszehnten Jahrhunderts, glaubte man, der aristotelischen Philosophie zufolge, daß die himmlischen Körper in der vollkommensten Figur, welche der Kreis seyn sollte, und zwar gleichförmig sich bewegen müßten. Kepler suchte selbst auf das mühseligste für Mars, dessen Bewegung er sehr genau untersuchte, eine Kreisbahn, aber überzeugte sich endlich, daß die Bahn kein Kreis seyn könne. Denn da er die größte und kleinste Entfernung des Mars von der Sonne den Beobachtungen gemäß festgesetzt hatte (135.), so wollten die andern Entfernungen, die er aus zwey Standpuncten

in

in der Erdbahn fand, sich nicht in den Kreis fügen, sondern waren kleiner als nach der Theorie.

143. Er fiel nun auf die Ellipse (Geom. 280.) in deren einen Brennpunct er die Sonne setzte, wie in Fig. 20, wo AEPA eine elliptische Bahn, C ihr Mittelpunct, ACP die große Axe, S die Sonne in dem einen Brennpuncte ist, daher A das Aphelium, P das Perihelium. CS ist auch hier die Excentricität. Allein nach welchem Gesetze wird die Ellipse beschrieben?

144. In der oben (131.) erklärten zweyten Hypothese verhalten sich die wahren Geschwindigkeiten in der Sonnennähe und Sonnenferne umgekehrt wie die Entfernungen. Kepler wandte dieses auch auf die Ellipse an. Der Planet beschreibe (Fig. 20.) bey A den Bogen Qq, bey P den Bogen Rr in denselben Zeiten. Diese Bogen verhielten sich nach Kepler wie SP zu SA. Nimmt man diese Bogen so klein, daß man sie fast für gerade Linien halten kann, so sind die Dreyecke RSr und QSq einander gleich (Geom. 114.). Diese Bemerkung machte er allgemein, und nahm an, daß, wenn zwey Bogen EF, FG in gleichen Zeiten beschrieben werden, die Flächenräume ESF, FSG einander gleich sind.

145. Nach diesem Keplerischen, in der Folge durch mechanische Gründe bewährten Gesetze, verhält sich die Umlaufszeit des Planeten zu der Zeit, da er von einem Puncte seiner Bahn, wie dem Aphelium A, zu einem andern E kömmt, wie die ganze Fläche zu dem Flächenraume ASEA. Dieser Raum ist also der Zeit proportional, und drückt nunmehr die mittlere Anomalie aus. Die wahre bleibt der Winkel ASE.

146. Die Lage der Apsidenlinie AP wird für die Ellipse eben so wie für die Kreisfigur gesucht, die größte

Gleichung auch: nur die Excentricität erfordert eine andere Rechnung, die hier nicht erklärt werden kann, so wenig wie man aus der mittlern Anomalie oder der Zeit die wahre oder ASE findet. Diese Aufgabe gehört unter die schweren, welche mehrere Mathematiker beschäfftigt hat, und unter dem Namen des **Keplerischen Problems** bekannt ist. Kepler machte seine Entdeckungen in einem besondern Werke über den Planeten Mars 1609 bekannt. Dieses Werk macht die Epoche der neuern Astronomie.

147. Im Jahr 1618 fiel Kepler auf den glücklichen Gedanken, die mittlern Entfernungen der Planeten von der Sonne, und ihre Umlaufszeiten mit einander zu vergleichen. Nach langem Suchen fand er den 15ten März, (ein merkwürdiger Tag für die Astronomie,) daß die **Quadrate der Umlaufszeiten den Würfeln der mittlern Entfernungen proportional** wären; eine Wahrheit, die nachher der Grund unserer ganzen physischen Astronomie geworden ist. Kepler hatte eine besondere Gabe, Wahrheiten von fern im Dunkeln schimmern zu sehen; sein Genius, wie er selbst sagt, lispelte sie ihm zu. Von mehrern wichtigen Entdeckungen in der Mathematik hat er die ersten Ideen gehabt. Insbesondere ist er der Vater der neuen Astronomie.

148. Zum Exempel dieses wichtigen Satzes diene der Lauf des Jupiters. Seine Umlaufszeit beträgt fast $4332\frac{1}{2}$ Tage; der Erde $365\frac{1}{4}$ Tag und ein weniges darüber; die Quadrate dieser Zahlen sind 18771422 und 133407, welche sich verhalten wie 140708 zu 1000. Die mittlern Entfernungen des Jupiters und der Erde verhalten sich wie 52,03 zu 10; davon sind die Würfel 140851 und 1000 (§. 135.), welche sich nahe wie jene Quadrate verhalten.

149.

Die Astronomie.

149. Bey den Trabanten des Jupiters und Saturns hat sich eben dieses Gesetz in Absicht auf die Umlaufszeiten um den Hauptplaneten und die Entfernungen von ihm gefunden. Es ist also ohne Zweifel ein allgemeines in der Natur der Bewegungskräfte gegründetes Gesetz. Man ist gegenwärtig so sehr von der Richtigkeit desselben überzeugt, daß man es gebraucht, die mittlern Entfernungen vermittelst der Umlaufszeiten zu bestimmen, weil man letztere sehr genau durch Beobachtungen erfahren kann, jene nicht so genau. Die Erfahrung zeigt auch, daß die nach den beiden Keplerischen Gesetzen (145 und 147) berechneten Bewegungen mit den Beobachtungen vortrefflich übereinstimmen *).

150. Da die allgemeine Gestalt der planetarischen Bahnen, und die Gesetze, nach welchen sie beschrieben werden, ausgefunden sind, so ist man im Stande gewesen, den Lauf des neuen Planeten, Uranus, in der kurzen Zeit seit seiner Entdeckung eben so genau zu bestimmen, als den Lauf der übrigen. Man ist in 10 Jahren mit diesem Planeten so weit gekommen, als mit den übrigen in 2000 Jahren. Doch ist zu bemerken, daß der neue Planet schon vor 100 Jahren von einem englischen Astronomen, und in den neuern Zeiten von einem Deutschen (Mayer zu Göttingen), und einem französischen Astronomen wahrgenommen, aber für einen Stern gehalten worden ist, weil sie die Beobachtung desselben nicht fortsetzten. Ihre

---

*) Wegen der gegenseitigen Wirkungen der Planeten auf einander entstehen kleine Abweichungen von der elliptischen Bahn; bey dem Monde beträchtliche, wegen der Wirkung der Sonne. Auch bedarf das Keplerische Gesetz der Entfernungen bey Jupiter und Saturn, wegen ihrer nicht unbeträchtlichen Massen, einer kleinen Verbesserung. Daher rührt der kleine Unterschied in §. 148.

Beobachtungen sind zur Bestimmung seines Laufs nützlich gewesen.

151. Der neue Planet ist doppelt so weit von der Sonne entfernt, als Saturn. So ansehnlich größer ist das Planetengebiet der Sonne, als man es noch vor Kurzem sich gedachte. Rechnet man den Abstand der Erde von der Sonne zu 24000 Halbmesser der Erde, so ist der Abstand des Uranus 460000 Halbmesser der Erde, oder 396 Millionen Meilen, eine Weite, worauf selbst das Licht 156 Min. Zeit gebraucht. Die Sonne sieht man auf ihm 19mahl kleiner im Durchmesser als wir, nur etwas über das Doppelte so groß, als wir den Jupiter sehen, wenn er uns am nächsten ist. Er erhält von ihr 368mahl weniger Licht und Wärme als wir, wenn beides in dem Verhältnisse der Quadrate der Entfernungen vermindert wird. Gewiß aber sind die Einrichtungen auf ihm so getroffen, daß er mit diesem geringen Grade zufrieden ist. Vielleicht ist dieser neue Planet dennoch nicht der äußerste. Denn unsere Augen und Werkzeuge reichen nirgends bis an das letzte irgend einer Gattung von Dingen.

In der 21sten Figur sind die Bahnen der Planeten nach dem Verhältnisse ihrer Größen gezeichnet.

VI. Die Bahnen der Kometen.

152. Die Gestalt der Kometenbahnen hat man ein gutes Theil später ausgefunden als die Bahnen der Planeten. Der große Cassini glaubte noch am Ende des vorigen Jahrhunderts, daß sie sich in excentrischen Kreisen um die Erde bewegten. Der berühmte Hevelius in Danzig wies zuerst im Jahre 1668 den Kometen eine parabolische Laufbahn an, ohne noch darauf zu fallen, daß die Sonne in ihrem Brennpuncte

puncte seyn möchte. Dörfel, ein Prediger zu Plauen im Vogtlande, zeigte noch vor Newton, aus seinen Beobachtungen des großen Kometen von 1680, daß die Bahn desselben, so weit sie uns nämlich sichtbar geworden, eine Parabel sey, in deren Brennpuncte die Sonne ist. Newton bewies endlich, daß die Kometen, gleich den Planeten, Ellipsen nach denselben Gesetzen beschreiben, nur daß die Excentricität derselben beträchtlich, bey manchen sehr groß ist, daher das Stück ihrer Bahn, welches sie in der Sonnennähe, wo sie bloß uns sichtbar werden, für einen parabolischen Bogen gewöhnlich gelten kann. Die Flächenräume, welche sie um die Sonne beschreiben, sind den Zeiten proportional, und die Quadrate ihrer Umlaufszeiten und der planetarischen verhalten sich wie die Würfel der mittlern Entfernungen von der Sonne. Durch diese von der Erfahrung schon bestätigte Regel würde man im Stande seyn, die Zeit der Wiederkunft eines Kometen vorherzusagen, wenn nicht kleine Fehler in den Beobachtungen eine große Ungewißheit bey den langgestreckten Bahnen und der langen Dauer der Umlaufszeit verursachten.

153. Der Komet von 1680 hat sich der Sonne unter allen am meisten genähert. Seine kleinste Entfernung von ihr hielt nur 6 solche Theile, deren der Halbmesser der Erdbahn 1000 enthält. Newton berechnet daher, daß die Erhitzung des Kometen 2000mahl größer gewesen seyn müsse, als eines glühenden Eisens *), und daß er die erhaltene Hitze vielleicht Jahrtausende behalten müßte. Der Komet von 1689 kam der Sonne auf 17 obgedachter Theile nahe. Die meisten nähern sich der Sonne etwa um die Hälfte oder

---

*) Vorausgesetzt, daß es in der Erhitzung eines Körpers keine Gränzen giebt, und daß sie in einer hinlänglich kurzen Zeit geschieht.

Dreyviertel des Halbmessers der Erdbahn. Von 81 Kometen sind 18 zwischen der Sonne und Merkur, 32 zwischen Merkur und Venus, 17 zwischen Venus und der Erde, 11 zwischen der Erde und Mars, 3 zwischen Mars und Jupiter durchgegangen. Die kleinste Entfernung des von 1729, welcher unter den bisher beobachteten der Sonne sich am wenigsten genähert hat, betrug 4070 obiger Theile. Der Komet von 1769, welcher einen ansehnlichen Schweif hatte, über 40 Grade lang, kam der Sonne bis auf 123 solcher Theile, und der Erde bis auf 113 derselben nahe. Seine Bahn war unter einem Winkel von 41 Gr. gegen die Erdbahn geneigt. Der Komet von 1770, der im August durch sein Perihelium gieng, ist noch ein Räthsel. Aus den Beobachtungen folgt, daß seine Umlaufszeit $5\frac{7}{8}$ Jahre, seine kleinste Entfernung von der Sonne 674, seine größte 5621 obiger Theile ist, jene etwas kleiner als der Abstand der Venus von der Sonne, und diese etwas größer als der Abstand des Jupiters. Die Neigung seiner Bahn ist nur 1° 34'. Er müßte also oft beobachtet seyn und noch ferner beobachtet werden, wenn sein Lauf sich gleich bliebe. Äußere Ursachen mögen seine Bahn mehr als einmahl geändert haben. Die Weltkörper haben in der That einer auf des andern Bewegung Einfluß.

154. Den Kometen von 1682 erkannte Halley für denjenigen, der in den Jahren 1531 und 1607 schon beobachtet worden war, durch die Vergleichung ihrer berechneten Bahnen, welche er, in dem der Sonne nächsten Theile, als Parabeln ansah. Die Nachrichten von drey ältern Kometen in den Jahren 1456, 1380, 1305 bestärkten seine Muthmaßung, so daß er es wagte, die Wiederkunft dieses Kometen im Jahr 1758 oder 1759 vorherzusagen. Clairaut berechnete,

nete, daß die diesmahlige Umlaufszeit um 611 Tage länger seyn müßte, als die nächste vorherige, wegen der Störung, die Jupiter und Saturn auf ihn ausgeübt hatten, und daß er in der Mitte des Aprils 1759 durch den Punct der Sonnennähe gehen würde. Er traf hier am 13. März ein. Die Abweichung rührt von der Beschaffenheit der äußerst weitläufigen Rechnung her. Clairaut verbesserte sie so weit, daß der Fehler nur 22 Tage auf eine Umlaufszeit von 28070 Tagen betrug. Diese Umlaufszeit giebt die mittlere Entfernung des Kometen $18\frac{5}{48}$ Halbmesser der Erdbahn. Die kleinste Entfernung in der Sonnennähe ist $\frac{7}{12}$, die größte folglich $35\frac{1}{2}$, fast doppelt so groß, als der Abstand des Uranus. Dieser Komet entfernt sich unter den bisher bekannt gewordenen am wenigsten von der Sonne in dem größten Abstande.

Die Umlaufszeit des Kometen von 1680 ist nach Euler 171 Jahre; er würde also um 1851 zu erwarten seyn. Halley setzt zwar seine Wiederkunft erst auf das Jahr 2254. Die Bahn des großen Kometen von 1744, dessen kleinster Abstand von der Sonne 222 der obigen Theile war, wich so wenig von der Parabel ab, daß sein Umlauf viele Jahrhunderte dauern muß. Die Umlaufszeit des merkwürdigen Kometen von 1769 fällt nach den Berechnungen, zufolge der verschiedenen Beobachtungen, sehr ungleich aus, bald 449 Jahre, bald 519, sogar auch 1231 Jahre. Der Komet von 1779 scheint 1150 Jahre zu seinem Laufe um die Sonne zu gebrauchen.

155. Die Planeten bewegen sich alle von Abend gegen Morgen um die Sonne herum; die Kometen so gut nach der einen als nach der andern Gegend. Von 81 Kometen sind 43 rechtläufig, und 38 rückläufig. — Die Planetenbahnen liegen fast in derselben Ebene;

die Kometenbahnen sind auf die mannigfaltigste Art um die Sonne gelegt. Einige kommen der Fläche der Ekliptik ziemlich nahe, andere stehen fast senkrecht darauf. Von 81 Kometenbahnen sind 37 unter einem kleinern Winkel als 45° gegen die Ekliptik geneigt, und 44 unter einem größern; nur 20 machen mit derselben einen Winkel unter 30°. Von 18 Kometen, die innerhalb der Bahn des Merkurs ihren Weg um die Sonne nahmen, haben 16 sehr große Neigungswinkel gehabt. Durch diese Beschaffenheit der Lage wird der Fall, daß ein Komet und ein Planet sich zu nahe kommen möchten, desto weniger möglich, oder es ist vielmehr alles darauf eingerichtet, daß er nie eintreten kann. Diejenigen Kometen, welche in ihrer kleinsten Entfernung von der Sonne ihr etwa so nahe kamen, als der Abstand der Erde von derselben ist, hatten größtentheils beträchtliche Neigungswinkel der Bahnen. Die Durchschnittslinien der Kometenbahnen mit der Ekliptik sind nach allen Gegenden hin vertheilt. Die Kometen durchwandeln die großen Räume über und unter den planetarischen Bahnen, welche die höchste Macht nicht ungenutzt lassen wollte, und schweifen weit über die äußerste Planetenbahn hinaus. In dem Planetensystem sind sieben Hauptkörper und vierzehn Nebenkörper. Die Zahl der Kometen wird vermuthlich nach Jahrhunderten noch nicht bekannt seyn. Vielleicht sind ihrer einige Tausende *). Welche Abänderung der Einrichtung gewiß nicht leerer Wohnplätze setzt diese große Anzahl voraus! Die Kometen sind den größten Abwechselungen der Hitze und Kälte, des Lichts und der Dunkelheit ausgesetzt. Es scheint daher, daß die Geschöpfe auf ihnen Veränderungen erfahren müssen, die dem Stande gegen die Sonne gemäß sind,

weit

---

*) Lambert, in seinen cosmologischen Briefen, bringt nach einem mäßigen Ueberschlage an 4000 heraus.

weit größere als ein Theil der Gewächse und einige
Thiere bey uns im Winter und Sommer leiden.
Oder vielleicht sind die Kometen von einer mittlern Beschaffenheit zwischen der Sonne und den Planeten.
Sie mögen weniger abhängig von der Erleuchtung und
Erwärmung der Sonne seyn, als diese, aber doch
von Zeit zu Zeit bedürfen, an der Quelle des Lichts
und der Wärme sich zu erfrischen. Die Atmosphäre,
die sie umgiebt, und die, besonders nach ihrer Rückkehr von der Sonne, als ein lichter Schweif erscheint,
mag etwas ähnliches mit der Lichtsphäre haben, die
wir der Sonne beyzulegen nöthig fanden (80.) Wenn
diese auf der langen Bahn, es sey nun an Masse oder
an Wirksamkeit, geschwächt wird, so wird sie bey der
Annäherung des Kometen zur Sonne wieder erneuert.
Nach der verschiedenen Beschaffenheit jedes Kometen
taucht sich der eine tiefer, der andere flächer in das
Sonnenbad ein. Einige mögen hier eine solche Selbst-
ständigkeit erhalten, daß sie eine Reise nach dem Ge-
biete anderer Sonnen zu unternehmen im Stande sind.
Vielleicht waren die durch ihre große Lichtsphäre aus-
gezeichneten Kometen Fremdlinge, die von andern
Sonnen her einen Weg von vielen tausend Jahren zu
der unsrigen gemacht hatten. Aber welche Einbil-
bungskraft vermag der wundervoll verschlungenen
Kette der Wesen nachzuspüren!

VII. Messung des Abstandes der Erde von der Sonne, des Sonnenkörpers und der Planetenkörper.

156. Erst seit dem Jahre 1769 hat man die
Entfernung der Erde von der Sonne mit hinlänglicher
Genauigkeit erfahren. Ptolemäus und ältere Astronomen bestimmten aus der beobachteten Größe des Erd-
schat-

schattens bey Mondsfinsternissen die Entfernung der Sonne von der Erde auf 1210 Erdhalbmesser. Ein anderer alter Astronom maß den Winkelabstand des Mondes von der Sonne zu der Zeit, da jener genau halb erleuchtet schien, und schloß daraus, daß die Entfernung der Sonne zwischen 18 und 20mahl größer wäre, als die Entfernung des Mondes, folglich wenn letztere auf 59 Erdhalbmesser gesetzt wird, zwischen 1062 und 1180 Erdhalbmesser fiele. Den Durchmesser der Sonne gab er aber nur 6 bis 7mahl so groß an, als den der Erde. Diese Mittel sind ganz unsicher. Weil die Entfernung der Sonne zu groß ist, so kann man ihre Parallaxe (101.) nicht unmittelbar beobachten, sondern man muß sie aus der Parallaxe eines nähern Planeten, des Mars oder der Venus, schließen. Zu dem Ende hat man mehrmahls den Mars nahe bey der Opposition beobachtet (105.), da er uns um mehr als die Hälfte näher ist als die Sonne, seine Parallaxe gesucht, und daraus seine Entfernung in Halbmessern der Erde berechnet. Da man ihr Verhältniß zu dem Abstande der Sonne aus der Kenntniß der Bahnen weiß, so ließ sich auch die Parallaxe der Sonne finden, welche etwa 10 Sec. ausfiel. Aus dieser folgt der Abstand der Sonne 20626 Erdhalbmesser (Geom. 230.). Allein auch diese Beobachtungen sind nicht entscheidend.

157. Darum erwarteten die Astronomen mit Verlangen den Durchgang der Venus durch die Sonne am 6. Jun. 1761, welcher die wichtige Frage entscheiden sollte. Es blieb aber auch hier noch eine Abweichung der Resultate, welche zwischen 8 und $10\frac{1}{2}$ Sec. fielen. Das Mittel war etwa 9 Sec., und die mittlere Entfernung der Sonne 22918 Erdhalbmesser.

158.

Die Astronomie.

158. Glücklicherweise folgte ein noch vortheilhafterer Durchgang am 3. Jun. 1769. Die Resultate waren diesmahl nur um einige Zehntheile einer Secunde verschieden. Die Horizontalparallaxe der Sonne in der mittlern Entfernung scheint nach den genauesten Untersuchungen $8\frac{6}{10}$ Sec. zu seyn, also ist diese Entfernung 23984 mittlere Erdhalbmesser. Diese große Weite beträgt also in einer runden Zahl 24 Millionen Meilen, deren 1000 auf den Halbmesser der Erde gehen. Eine Kanonenkugel, die 1000 Fuß in einer Secunde durchläuft, würde 15 Jahre Zeit gebrauchen, diese Weite zurückzulegen.

159. Zur Erläuterung dieser Untersuchung, die mehrere kostbare Reisen veranlaßt hat, diene folgender Abriß der Methode, aus dem Durchgange der Venus die Sonnenparallaxe zu finden. Es sey (Fig. 22.) S der Mittelpunct der Sonne, AB ihr Durchschnitt mit der Ekliptik; Vv ein Stück der Venusbahn, die wir hier in die Fläche der Erdbahn fallen lassen; CDE der Durchschnitt des Erdkörpers mit der Ekliptik, der sich nach der Ordnung der Buchstaben herumdreht; P der gegen die Sonne liegende Nordpol der Erde; GH ein Stück des Parallelkreises eines südlichen Beobachters, der den Antritt der Venus an die Sonne bey A Vormittags in G, den Austritt bey B Nachmittags in H sieht; IK ein Bogen des Parallelkreises eines nördlichen Beobachters, der den Antritt des Abends in I, den Austritt des folgenden Morgens in K sieht. Jener sieht den ganzen Durchgang der Venus durch die Sonnenscheibe, dieser nur den Anfang und das Ende, weil er in der Zwischenzeit auf der dunkeln Hälfte der Erde DEC sich befindet. Man ziehe an den östlichen Rand der Sonne die Berührungslinien GA, IA, welche die Venusbahn jene in M, diese in L schneiden; und an

den

den westlichen Rand die Berührungslinien HB, KB, welche die Venusbahn jene in N, diese in O treffen. Alle diese Linien sehen wir hier als in der Erdbahn liegende an, oder nehmen vielmehr anstatt derselben ihre Projectionen auf die Ekliptik, das ist, die Linien zwischen den Puncten, in welchen die Perpendikel von den Endpuncten jener die Ekliptik treffen. Der nördliche Beobachter sieht den Antritt schon, wenn Venus in L ist, der südliche erst, wenn sie in M ist; hingegen der nördliche den Austritt erst, wenn Venus in O ist, der südliche schon, wenn sie in N ist. Jenem dauert also der Durchgang eine längere Zeit, als diesem. Aus dem Unterschiede der Zeiten des Antritts, wobey man aber den Unterschied der Uhren (93.) abrechnen muß, kann man, mittelst der Theorie des Laufs der Venus, den Bogen LM oder den Winkel, den sie unterdessen an der Sonne beschrieben hat, sehr genau angeben, das ist, den Winkel LAM, welcher ihm fast gleich ist. Die Entfernung der Punkte G, I, wo die Beobachter zu den Zeiten des jedesmahligen Antritts sich befanden, kann man aus der geographischen Lage der Örter wissen. Nun muß man noch in dem Dreyecke AIG ten Winkel bey I suchen. Dieser ist der Unterschied der Winkel, welche die Linien AI und IG mit dem Meridian PI machen. Von G stelle man sich ein Perpendikel auf AI vor, so wird dieses aus GI durch den Sinus des Winkels AIG gefunden (Geom. 230.). Da man nun weiß, unter welchem Winkel GAI dieses bekannt gewordene Perpendikel von der Sonne aus gesehen wird, so kann man daraus berechnen, unter welchem Winkel der Halbmesser der Erde gesehen werde, das ist die Parallaxe der Sonne für die Zeit der Beobachtung. Aus dem Verhältnisse der damahligen Entfernung von der Erde kann man endlich ihre Parallaxe in der mittlern Entfernung berechnen. Den Unterschied

schied der Zeiten des Austritts kann man auf eben die Art gebrauchen, und beide Resultate gegen einander halten. Oder noch besser nimmt man die Summe der von G auf AI und von H auf BK gefällten Perpendikel, so wie auch die Summe der Winkel GAI und HBK, und leitet daraus die Parallaxe so her, wie aus den einzelnen Perpendikeln. Die Summe der Winkel bey A und B wird aus der Summe der Bogen LM und NO gefunden, und diese letztere Summe ist der Bogen, welchen die Venus in der Zeit beschreibt, um welche die Dauer des Durchganges in I oder K größer ist, als in G oder H. Hiebey braucht man den Unterschied der Uhren oder der Länge an den beiden Beobachtungsörtern nicht so äußerst scharf zu wissen, als es bey einem einzelnen Paare von Beobachtungen nöthig ist, und sich nicht mit Zuverlässigkeit wohl erhalten läßt. — Übrigens ist die ganz scharfe Rechnung sehr mühsam.

160. Der Durchmesser der Sonne erscheint uns in ihrer mittlern Entfernung unter einem Winkel von $31' 57''$; der Durchmesser unserer Erde einem Beobachter auf der Sonne unter einem Winkel von $17'', 2$. Die wahren Durchmesser beider Körper verhalten sich daher wie diese Winkel, oder wie 111 zu 1. Die Sonne ist also $1\frac{3}{8}$ Millionmahl größer an körperlichem Inhalte als die Erde. Man stelle sich eine Kugel um die Erde vor, die bis an den Mond reichte, so wäre diese, wenn der Mond 60 Erdhalbmesser von uns steht, 216000mahl größer als die Erde, aber doch noch $6\frac{1}{3}$mahl kleiner als die Sonne.

161. Man hat vermittelst eines Mikrometers die scheinbare Größe der Planeten, das ist, den Winkel, unter welchem sie erscheinen, beobachtet, und daraus berechnet, wie groß sie in der mittlern Entfernung der Sonne

Sonne von uns erscheinen würden. Die scheinbaren Größen verhalten sich nämlich umgekehrt wie die Entfernungen, deren Verhältniß man weiß. Aus diesen Winkeln und der Entfernung berechnet man leicht trigonometrisch die wahre Größe. Die Resultate sind in folgender Tafel enthalten.

	Scheinbarer Durchmesser in der mittlern Entf. ☉ von ♄.	Wahrer Durchmesser in astronomischen Meilen.	Körperlicher Inhalt.
Sonne	31′ 57″,00	222907	1384462
Merkur	6, 90	802	0,0646 oder $\frac{1}{15}$
Venus	16, 55	1924	0,8902 oder $\frac{73}{82}$
Erde	17, 20	2000	1
Mars	8, 94	1040	0,1406 oder $\frac{9}{64}$
Jupiter	3 6, 82	21723	1281
Saturn	2 51, 71	19966	995
Ring des Saturns	6 40, 65	46587	—
Uranus	1 14, 52	8665	80
Mond	4, 70	546	0,0203 oder $\frac{1}{49}$

Diese Tafel ist aus der dritten Ausgabe der Astronomie von de la Lande entlehnt. Der Durchmesser des Mondes ist hier ein klein wenig größer als nach der Berechnung (104.) Die hier angesetzten astronomischen Meilen (100.) dienen zur bequemern Vergleichung als die geographischen.

VIII. Berechnung und Zeichnung der Mond- und Sonnenfinsternisse.

162. Die genaue Erfüllung der astronomischen Vorhersagungen bey den Mond- und Sonnenfinsternissen

nissen hat den Astronomen das größte Zutrauen erworben, sogar daß man ehemahls die astrologischen Träume eben so sehr für Orakelsprüche ansah, weil sie sich auf Astronomie zu gründen schienen. Die Möglichkeit dieser Vorhersagungen will ich nun suchen begreiflich zu machen.

163. Es sey S (Fig. 23.) der Mittelpunct der Sonne, ABCBA ihr Durchschnitt; E der Mittelpunct der Erde, FDGDF ihr Durchschnitt; BD sey eine Berührungslinie an beiden Kreisen, welche die Linie durch die Mittelpuncte SEH in H schneide. Man lasse die ganze Figur sich um die Linie SH drehen, so wird das Dreyeck DHE den Schattenkegel der Erde beschreiben. In L gehe der Mond durch den Schatten. Man errichte daselbst die senkrechte LI, so beschreibt diese bey der Umdrehung der Figur den Schattenkreis der Erde für die Stelle L.

Man ziehe noch BE und EI. Der Winkel BES ist der scheinbare Halbmesser der Sonne; IEL des Erdschattens; ferner EBD der scheinbare Halbmesser der Erde von der Sonne aus gesehen, oder die Parallaxe der Sonne, EID die Parallaxe des Mondes, alle bekannt. Nun ist EHI der Unterschied der Winkel BES und EBD; und IEL der Unterschied der Winkel EID und EHI; also ist der Winkel, unter welchem der Halbmesser des Erdschattens erscheint, leicht gefunden. Er ist die Parallaxe des Mondes, vermindert um den Halbmesser der Sonne, und vergrößert um die Parallaxe der Sonne. Der größte scheinbare Halbmesser des Erdschattens ist also $61' 24'' - 15' 45'' + 9'' = 45' 48''$. Der kleinste ist $53' 48'' - 16' 3'' + 9'' = 37' 54''$; der mittlere $41' 51''$. Daher ist keine Mondfinsterniß möglich, wenn im Vollmonde der Mittelpunct desselben über $62' 33''$ (die Summe des größten

Halb=

Halbmessers des Schattens und des Mondes) von der Ekliptik absteht. Der größte Halbmesser des Mondes ist nämlich 16′ 45″ (104.).

164. Man beschreibt einen Kreis oder Halbkreis ADB (Fig. 24.), dessen Halbmesser soviel Theile hält, als der Halbmesser des Erdschattens Secunden. AB stellt einen Bogen der Ekliptik, C den Mittelpunct des Schattens, ADB den halben Erdschatten vor. Man berechnet für einen Augenblick nahe vor dem Vollmonde den Ort des Mondes, das ist, den Unterschied der Länge von dem der Sonne entgegengesetzten Puncte oder dem Mittelpuncte C, und seine Breite, trägt jene von C nach E nach dem verfertigten Maaßstabe, und setzt in E die Breite EF senkrecht auf; desgleichen für eine gewisse Zeit, als eine Stunde nach dem Vollmonde, wiederum den Unterschied der Länge des Mondes und der Sonne von C nach CG, und die Breite GH, zieht HF auf beiden Seiten verlängert, so hat man die scheinbare Laufbahn des Mondes, worauf HF die Größe des Weges ist, welchen der Mond in dem Zwischenraume der beiden Zeiten beschreibt. Man nimmt die Summe der Halbmesser des Erdschattens und des Mondes, CI und CK, durchschneidet damit von C aus die Linie HF in den Puncten I, K, als denjenigen, wo sich die Verfinsterung anfängt und endigt. Man vergleicht FI und HK mit dem in der bekannten Zeit beschriebenen Wege HF, so kann man die Zeiten angeben, zu welchen der Mond in I und K ist. Zieht man das Perpendikel CL auf die Mondsbahn, so hat man den Punct der stärksten Verfinsterung oder größten Einsenkung in den Schatten, und die Größe der Verfinsterung. Das Perpendikel CM auf AB giebt auf der Mondsbahn den Punct M, in welchem der Vollmond sich ereignet. Die Größe der Verfinsterung pflegt man

in Zwölftheilen des Durchmessers des Mondes, welche man Zolle nennt, anzugeben.

165. Die Berechnung der Sonnenfinsternisse hat mehr Schwierigkeiten. Bey den Mondsfinsternissen gilt die Rechnung und Zeichnung, die für einen in den Mittelpunct der Erde gesetzten Beobachter gemacht ist, auch für jeden Ort auf der Oberfläche, weil die Mondsfinsternisse wirkliche Finsternisse sind. Die Sonne aber wird nicht selbst verfinstert, sondern vielmehr die Erde durch den Schatten des Mondes, und jeder Ort hat seine eigene Erscheinung, die von der für den Mittelpunct der Erde sehr abgeht. Es stelle AB (Fig. 25.) einen Theil der Ekliptik vor, worauf in S der Mittelpunct der Sonne, für einen gewissen Augenblick um die Zeit der Verfinsterung ist. Alsdenn sey, und zwar für einen Beobachter in dem Mittelpuncte der Erde, der Mond in L. Diese Stelle muß aus den astronomischen Tafeln berechnet werden, oder man muß den Unterschied der Länge des Mondes und der Sonne, SC, und die Breite des Mondes CL, für eine gewisse Zeit, als eine Stunde vor der Conjunction oder dem Neumonde, suchen, und die Secundenzahl dieser Bogen, nach einem hinlänglich großen Maaßstabe auftragen. Man berechne ferner für eine gewisse Zeit nach der Conjunction, als eine Stunde, wiederum den Unterschied der Länge beider Körper, SD, und die Breite DM, für den Mittelpunct der Erde, trage sie nach SD und DM auf, und ziehe LM, so ist diese die relative Bahn des Mondes in Absicht auf die Sonne, die nun als unverrückt in der Ekliptik angesehen wird. Der Beobachter auf der Oberfläche der Erde sieht den Mond, wegen der Parallaxe (101.), niedriger. Es sey ZF ein Bogen eines Verticalkreises durch L; ZG ein solcher durch M. Die Lage dieser Kreise läßt sich sowohl durch Zeichnung als durch Rech-

nung finden. Der Mond erscheine auf jenem um den Bogen LN, auf diesem um MO niedriger, so beschreibt er für den Beobachter auf der Oberfläche der Erde den relativen Weg NO in Absicht auf die unverrückte Sonne. Man durchschneide von S aus mit der Summe der scheinbaren Halbmesser der Sonne und des Mondes diese Bahn NO in H und I, so hat man die Puncte, wo der Mond sich bey dem Anfange und Ende der Verfinsterung befindet. Die Vergleichung der Wege NH, NI mit dem Wege NO (in zwey Stunden) giebt die Zeit des Antritts und Austritts. Zieht man SK senkrecht auf NO, so ist K der Ort des Mondes zur Zeit der größten Verfinsterung der Sonne. Beschreibt man um K mit dem scheinbaren Halbmesser des Mondes einen Kreis, und um S mit dem der Sonne, so schneidet jener auf diesem das größte verfinsterte Stück der Sonnenscheibe ab.

Man macht auch perspectivische Zeichnungen der Erdfinsternisse, wobey eine Ebene durch den Mond zur Tafel dient, die Erde darauf zu entwerfen.

Die Spitze des Schattenkegels des Mondes fällt, in den mittlern Entfernungen der Sonne, der Erde und des Mondes, diesseits der Erdfläche, noch um $\frac{1}{4}$ Halbmesser des Äquators von derselben; ja sie kann bis über 5 Halbmesser von der Erdfläche abstehen. Wenn die Spitze des Schattenkegels die Erde nicht erreicht, so ist eine **ringförmige Sonnenfinsterniß** möglich. Fällt der Mondsschatten auf die Erdfläche, so ereignet sich in den Gegenden, wo der Schatten sie trifft, eine **totale Sonnenfinsterniß.** Die Schattenspitze kann $3\frac{2}{3}$ Halbmesser des Äquators über den Mittelpunct hinaus fallen, und in diesem äußersten Falle würde ein Raum von 36 Meilen im Durchmesser auf dem Äquator von dem Schatten bedeckt werden.

166.

166. Der Mond bedeckt nicht selten Fixsterne, auch wohl Planeten. Doch sind die Bedeckungen der Fixsterne nicht so häufig, als man dem ersten Anblicke nach glauben sollte. Denn es sind nur etwa 180 Sterne von der ersten bis zur fünften Größe, welche von dem Monde überhaupt getroffen werden können, und für einen bestimmten Ort der Erde nur 7 bis 8 Sterne in Zeit von einem Monat. Einen Stern, der an einem Orte bedeckt wird, kann an einem andern Orte der Mond vorbeygehen, oder wenn er ihn bedeckt, geschieht's unter andern Umständen, denn die Parallaxe ändert den scheinbaren Lauf des Mondes gar sehr. Die Bedeckungen können auf eine ähnliche Art wie die Sonnenfinsternisse berechnet werden. Man gebraucht die Bedeckungen, wie die Monds= und Sonnenfinsternisse, zur Erfindung der Länge der Örter, nur daß bey ihnen, wie bey den Sonnenfinsternissen, der Unterschied der Zeit, wegen der Parallaxe, eine nicht leicht zu berechnende Reduction erfordert.

IX. Gleichung der Zeit.

167. Da die Sonne jeden Tag nicht gleich viel am Himmel fortrückt, so sind die natürlichen Tage etwas ungleich. Außerdem rückt sie auch gegen den Äquator mehr oder weniger schief fort, eine neue Ursache der Ungleichheit der Tage. Es stelle AQ (Fig. 26.) ein Stück des Äquators, AB der Ekliptik vor. Die Sonne sey zu Mittage in S, ihre Breite SE, und E der Punct des Äquators, der mit ihr zugleich im Meridiane ist. Den folgenden Mittag sey sie in s, und e sey der Punct des Äquators, der zugleich durch den Meridian geht. Von dem ersten Mittage bis dahin, daß E wieder in den Meridian kömmt, verfließt eine Umdrehung des Himmels, ein Sterntag (23.); aber

bis zum zweyten Mittage muß sich noch der Bogen des Äquators Ee durchschieben. Rückte die Sonne auch alle Tage um denselben Bogen Ss fort, so würde doch der dazu gehörige des Äquators Ee nicht derselbe seyn. Denn um die Sonnenstillstände sind Ss und Ee fast gleich, um die Nachtgleichen merklich unterschieden. Folglich wären auch darum die natürlichen Tage einander ungleich. Denn wegen der gleichförmigen Umdrehung der Erde oder des Himmels schieben sich ungleiche Bogen des Äquators allemahl in ungleichen Zeiten durch. Da nun die Ungleichheit der Bogen Ss noch hinzukömmt, so werden aus beiden Ursachen die Ungleichheiten der Tage bisweilen größer, bisweilen kleiner, nachdem sie auf einerley oder entgegen gesetzte Art sich zu einander gesellen.

168. Man stelle sich einen Körper, eine zweyte Sonne vor, die längs dem Äquator mit gleichförmigem Gange in eben der Zeit eines Jahrs herumkäme, als die Sonne auf der Ekliptik. Rechnete man nach dieser erdichteten Sonne die Tage, so würden sie alle gleich lang, und genau das Mittel von allen natürlichen wahren Tagen seyn. Man setze, eine völlig gleichförmig gehende Uhr sey nach dieser erdichteten Sonne gestellt, so wird diese die mittlere Zeit weisen, welcher die wahre Zeit, nach der wirklichen Sonne, bald vorauseilen, bald nachbleiben wird. Nach der mittlern Zeit werden alle astronomische Rechnungen gemacht, weil sie gleichförmig fortgeht. Eigentlich sollte sie die wahre Zeit heißen. Den Unterschied der mittlern und der wahren Zeit nennt man die Gleichung der Zeit. Im gemeinen Leben müssen die Uhren nach der mittlern Zeit gestellt werden. Die Uhr kann richtig gehen, wenn sie gleich von der Sonne abweicht. Da man in den Kalendern häufig Tabellen über die

Glei=

Die Astronomie. 133

Gleichung der Zeit antrifft, so folgt hier nur die Angabe der Übereinstimmung und der größten Abweichung.

Der wahre Mittag ereignet sich nach der mittlern Zeit im Jahr 1793

10. Febr. um 12 U.	14′ 39″	25. Jul. um 12 U.	6′	3″
14. April — 12	0 6	31. Aug. — 11	59	54
14. May — 11	56 . 1	2. Nov. — 11	43	45
15. Jun. — 12	0 5	23. Dec. — 11	59	50

In andern Jahren ist die Gleichung um dieselbe Zeit bis auf eine unbeträchtliche Kleinigkeit dieselbe. In der Folge mehrerer Jahre äußert sich wegen des Fortrückens der Nachtgleichen und der Sonnenferne ein Unterschied.

Der längste natürliche Tag fällt auf den 20sten und 21. December, welcher 30 Sec. länger ist als der mittlere Tag.

X. Geschwindigkeit des Lichts. Abirrung der Fixsterne.

169. Die Verfinsterungen der Jupiterstrabanten haben uns die wichtige Wahrheit gelehrt, daß die Geschwindigkeit des Lichts zwar unbegreiflich groß, aber doch meßbar ist. Als man von dem Laufe dieser Trabanten schon hinlänglich unterrichtet war, um ihre Verfinsterungen mit Gewißheit vorhersagen zu können, äußerte sich doch ein beträchtlicher Unterschied zwischen der beobachteten und berechneten Zeit der Eintritte und Austritte. Diese treffen immer desto später ein, je weiter die Erde vom Jupiter absteht, die in der mittlern Entfernung des Jupiters von der Erde beobachteten um 8 Min. 7 Sec. später als die in der Opposition, wo Jupiter uns um einen Halbmes-

ser unserer Erdbahn näher ist als dort. Das Licht braucht also eine gewisse Zeit, einen so-beträchtlichen Weg, wie dieser Halbmesser ist, zurückzulegen. Denn wenn uns ein Licht nicht in demselben Augenblicke sichtbar wird, da es entsteht, so werden wir den aus dem Schatten tretenden Trabanten noch nicht sehen, ob er gleich schon wieder erleuchtet ist, und auf der andern Seite werden die letzten Strahlen des in den Schatten sich eintauchenden Trabanten erst zu uns gelangen, wenn er schon einige Zeit verfinstert ist. Diese Erklärung hat Römer, ein dänischer Astronom zu Paris, im J. 1675 gegeben.

170. Da der Halbmesser der Erdbahn 24000 Erdhalbmesser beträgt (158.), welchen nach obigem das Licht in 487 Sec. zurücklegt, so durchläuft das Licht in einer Secunde den gewaltigen Weg von 49 Halbmessern des Erdkörpers, oder 49280 astronomischen Meilen (100.). Der Schall durchzittert in einer Secunde einen Weg von 1042 Pariser Fuß (Naturl. 574.). Das Licht geht daher 930000mahl geschwinder als der Schall.

171. Wir wollen die Entfernung des nächsten Fixsterns nur zu 10000 Millionen Erdhalbmesser ansetzen (124.), so gebrauchte das Licht auf dem Wege von ihm zu uns 204 Millionen Zeitsecunden, oder weil ein Jahr etwa $31\frac{1}{2}$ Millionen Secunden enthält, $6\frac{1}{2}$ Jahre. Kleiner dürfen wir den Maaßstab zur Ausmessung des Weltsystems nicht annehmen, als eine Länge, worauf das Licht $6\frac{1}{2}$ Jahre Zeit gebraucht. Wenn ein Stern von der 10ten Größe 10mahl entfernter ist als der nächste Fixstern von der ersten, so würde das Licht, welches vor 65 Jahren von einem solchen Sterne ausgegangen ist, erst jetzt bey uns anlangen. Setzen wir das nächste Sternsystem nur

1000

1000mahl weiter als einen Stern der 10ten Größe, so würde das Licht von demselben 65000 Jahre Zeit gebrauchen, um uns zu erreichen. War die Erscheinung des hellen Sterns in der Cassiopeia (39.) eine Begebenheit, die sich in einem andern Sternsysteme zutrug, so mag sie vor vielen 1000 Jahren geschehen seyn.

172. Die allmählige Fortpflanzung des Lichts ist in der Folge durch Beobachtungen bestätiget, welche dem ersten Anblicke nach nichts damit zu thun zu haben scheinen. Im Jahr 1725 beobachtete Bradley, ein englischer Astronom, daß der Ort eines gewissen Sterns veränderlich war, und um einen Mittelpunct eine kleine Ellipse jährlich zu beschreiben schien. Andere Sterne, fand er, beschreiben auch Ellipsen, deren große Aye unter einem Winkel von 40 Sec. erscheint, und die, je näher der Stern dem Pole der Ekliptik steht, desto mehr sich einem Kreise nähern. Es fiel ihm anfangs schwer, die Ursache dieser Erscheinung anzugeben, die eine Parallaxe der Sterne so wenig begünstigte, daß sie ihr vielmehr zuwider war. Endlich fiel er auf die allmählige Fortpflanzung des Lichts. Das Licht beschreibt den Halbmesser der Erde in 8 Minuten 7 Sec., die Erde in dieser Zeit einen Bogen von 20 Sec. Beide Geschwindigkeiten lassen sich noch mit einander vergleichen, obgleich letztere weit kleiner ist, als jene, in dem Verhältnisse von 1 zu 10313. Nun sey (Fig. 27.) AB ein Stück der Erdbahn; in einer sehr weiten Entfernung BS ein Stern, von dem das Licht in B mit der Erde zugleich ankömmt. Man nehme AB willkührlich an, und BC 10313mahl größer, so ist der Lichtstrahl, welchen die Erde in B erhält, zu der Zeit, da sie in A ist, in dem Puncte C. Man lasse die Linie AC sich selbst parallel mit der Erde fortrücken, so gleitet der Lichtstrahl zugleich an ihr herunter,

ter, indem er auf CB fortgeht, und das Auge erhält ihn in B nicht nach der Richtung CB, sondern nach der mit AC parallelen DB. Denn es werde in A ein Fernrohr nach dem Sterne gerichtet, in welches der Lichtstrahl bey C tritt, so muß dieses längs AB sich selbst parallel fortrückende Rohr die Richtung AC haben, damit der Strahl nicht von der Axe desselben abweiche. Die Länge des Rohrs ist freylich gegen die Geschwindigkeit des Lichts so gut als unendlich klein, aber die Geschwindigkeit des Rohrs ist mit letzterer vergleichbar. Das Auge empfängt nun in B den Strahl durch das nach BD gerichtete Rohr, und muß den Ort des Sterns auf BD nach d hinaussetzen. Es sieht also den Stern um den Winkel SBd von seinem wahren Orte entfernt. Dieser Winkel ist am größten, wenn die Richtung des Laufs der Erde senkrecht auf SB steht, und ist in diesem Falle 20 Sec. auf einer oder der andern Seite von SB, nach dem sich die Erde von B nach A, oder von A nach B bewegt. Ist SBA spitz oder stumpf, so ist der Abweichungswinkel kleiner als 20 Sec. Daher scheinen die Sterne eine Ellipse um ihren wahren Ort zu beschreiben, deren halbe große Axe 20 Sec. groß erscheint. So ward diese merkwürdige Erscheinung, welche man die Abirrung (Aberration) des Lichts nennt, glücklich erklärt. Sie ist eine nothwendige Folge der allmähligen Fortpflanzung des Lichts und der Bewegung der Erde, die dadurch auf das vollkommenste bestätigt wird.

Dritter Abschnitt.
Die physische Astronomie.

173. Die Astronomie hat uns bisher auf eine ganz ausnehmende Art den Zusammenhang mannigfaltiger Erscheinungen wahrnehmen lassen. Das wichtigste ist noch zurück, die Bewegung der Himmelskörper aus mechanischen Gesetzen zu erklären und zu bestimmen. Dieses leistet die physische Astronomie. Ihre Lehren sind, nach den Begriffen von dem großen Urheber der Schöpfung selbst, die erhabensten aller menschlichen Kenntnisse; freylich nur wenigen ganz begreiflich. Auch ist es mir nicht erlaubt, mehr als den Zipfel des Vorhanges vor diesem Heiligthume wegzuziehen.

174. Ein Körper A (Fig. 28.) beschreibe um einen andern S einen Kreis oder sonst eine Figur. Mit der Geschwindigkeit, die er in A hat, sucht er, durch sein Beharrungsvermögen (Naturl. 11.), nach der geraden Linie AE, der berührenden in A, fortzugehen, und sich von S zu entfernen, wenn der Winkel SAB ein Rechter oder stumpf ist. Es treibe ihn aber zugleich eine Kraft nach S, so entsteht eine zusammengesetzte Bewegung (Naturl. 25.), vermittelst welcher er den Bogen AD beschreibt. Die Zeit sey so klein, daß der Bogen AD für eine gerade Linie gelten könne, so ist AD die Diagonale eines Parallelogramms ABCD, dessen eine Seite AB der Weg ist, welchen der Körper ohne die Einwirkung der Kraft nach S in dem Zeittheilchen beschreiben würde, und die andere AC der Raum, um welchen er in eben der Zeit nach S hin fallen würde. Die Kraft, welche den Körper im-

mer

merfort nach S treibt, heißt die **Centripetalkraft**, und der Punct, in welchem man sich die ganze Wirksamkeit des Körpers S vereint gedenken kann, der Mittelpunct der Kraft. Wenn der Körper durch sein Beharrungsvermögen, mit der Geschwindigkeit, die er in A hat, sich eben soviel von dem Mittelpuncte der Kraft S, nach der Richtung dieser Kraft, entfernen würde, als die Kraft ihn nach S in eben der Zeit zu gehen nöthigt, und wenn dabey der Winkel SAB ein Rechter ist, so beschreibt der Körper um S einen Kreis, in welchem die Geschwindigkeit unverändert bleibt. Es läßt sich leicht zeigen, daß in dem Kreise das Quadrat der Geschwindigkeit so groß ist als das Product aus dem Durchmesser des Kreises, in den Weg, welchen er von A nach S in einer Secunde beschreiben würde, wenn die Kraft auf eine ähnliche Art wie unsere Schwerkraft wirkt, es mag nun stärker oder schwächer geschehen, und der Körper in A keine eigene Bewegung schon hat. Ist das Quadrat der Geschwindigkeit größer, als das gedachte Product, den rechten Winkel SAB beybehalten, wie in der Sonnennähe der Planetenbahnen, so entfernt sich der Körper von dem Mittelpuncte der Kraft; in dem entgegengesetzten Falle, in der Sonnenferne, nähert er sich demselben *).

175. Die Kraft nach S wirkt zwar unabläßig fort; wir wollen aber doch zuerst annehmen, sie wirke nur

---

*) Man nennt zuweilen das Beharrungsvermögen des Körpers, so fern es den Abstand desselben von dem Mittelpuncte der Kraft zu vergrößern strebt, **Schwungkraft** oder **Centrifugalkraft**. Allein der Ausdruck Kraft ist hier nicht passend. Wenn der Winkel SAB spitz ist, so müßte man das Beharrungsvermögen eine Centripetalkraft nennen.

nur stoßweise bloß im Anfange jedes Zeittheilchens. Demnach sey (Fig. 29. Tab. IX.) S der Mittelpunct der Kraft, nach welchem die äußere auf den Körper wirkende Kraft immer gerichtet ist. Der Körper habe in A die Richtung AM, und suche in einem gewissen Zeittheilchen (einer Secunde oder Tertie oder noch kleinern) den Raum AM zu beschreiben; zugleich aber nöthige ihn die äußere Kraft nach AS, um den Raum Aa sich S zu nähern, wie ein geworfener Körper auf der Erde, indem er nach der Richtung des Wurfs fortgehen will, zugleich nach dem Mittelpuncte der Erde fallen muß. Er beschreibt nun weder AM noch Aa, sondern die Diagonale AB des Parallelogramms AaBM (Naturl. 25.). Man verlängere AB nach N, und nehme BN gleich AB, so sucht der Körper in B seine Richtung und Geschwindigkeit zu behalten. Jene fällt in BN; diese ist der Raum AB, welchen der Körper in dem ersten Zeittheilchen wirklich beschrieben hat, also BN. Die Centripetalkraft nöthige den Körper durch Bb zu fallen, so beschreibt er die Diagonale BC des Parallelogramms BbCN, und seine Geschwindigkeit in dem zweyten Zeittheilchen ist BC. Nach der Richtung BC will er in dem dritten Zeittheilchen auf CO mit der Geschwindigkeit CO oder BC fortgehen, wird hier aber genöthigt, die Diagonale CD des Parallelogramms CcDO zu beschreiben, in welchem Cc die Wirkung der Centripetalkraft ist. Auf eben diese Art beschreibt er in dem vierten Zeittheichen die Diagonale DE des Parallelogramms DdEP; in dem fünften die Diagonale EF des Pgrms EeFQ u. s. w. Die verlängerte Diagonale des vorhergehenden Pgrms wird immer die eine Seite des folgenden, dessen andere Seite der Raum ist, um welchen die äußere Kraft den Körper nach S zu fallen nöthigt.

Die

Die Dreyecke zwischen den in gleichen Zeiten beschriebenen Diagonalen und den Linien nach S *), als ASB, BSC, CSD, DSE, ESF, sind einander gleich. Erstlich sind, wegen der gleichen Grundlinien AB, BN, die Dreyecke ASB, BSN gleich (Geom. 96.). Dem Dreyecke BSN ist das BSC gleich, wegen der mit der gemeinschaftlichen Seite BS parallelen NC, in welche die Spitzen N und C fallen (Geom. 96.). Daher ist das Dreyeck BSC gleich dem ASB. Eben so ist CSD gleich dem BSC, und DSE dem CSD u. s. f.

Man verkleinere die angenommenen gleichen Zeittheilchen immer mehr, lasse sie aber dennoch sich unter einander gleich bleiben, so wird die Wirkung der Centripetalkraft immer unabläßiger; die Anzahl der Diagonalen wird größer, sie selbst werden kleiner, und der gebrochene geradlinichte Weg ABCDEF nähert sich immer mehr einer krummen Linie. Die in den gleichen Zeittheilchen beschriebenen einzelnen Dreyecke bleiben sich gleich, so wie auch die in einer gleichen Anzahl von Zeittheilchen um S beschriebenen geradlinichten Flächenräume.

Die Centripetalkraft wirke nun völlig unabläßig fort, so verwandelt sich der gebrochene geradlinichte Weg in eine wahre krumme Linie; die in gleichen Zeiten beschriebenen geradlinichten Flächenräume, wie z. E. ABCDSA und CDEFSC werden krummlinichte, zwischen den Bogen der krummen Bahn des Körpers, und den nach S durch die Endpuncte der Bogen gezogenen geraden Linien. Diese Flächenräume um den Mittelpunct der Kraft S sind also gleich, wenn die dazu gehörigen Bogen von dem Körper in gleichen Zeiten beschrieben werden.

176.

*) Radii vectores.

176. So ist das erste Keplerische Gesetz (144.) aus mechanischen Gründen erwiesen. Sind die Centripetalkräfte der Planeten nach der Sonne gerichtet, so müssen sie um diese in gleichen Zeiten gleiche Flächenräume beschreiben. Da sie dieses wirklich thun, so müssen auch ihre Centripetalkräfte nach der Sonne gerichtet seyn. Diese ist also der Mittelpunct unsers Planetensystems, gegen welchen die großen Planetenkörper eine gleichartige Neigung der Schwere haben, wie die Körper auf unserer Erde gegen den Mittelpunct derselben, oder wie die Trabanten einiger Planeten gegen diese, um welche sie gleichfalls in gleichen Zeiten gleiche Flächenräume beschreiben.

177. Was ist aber das Gesetz der Centralkräfte, die auf die Planeten nach der Sonne hin wirken? Die Größe dieser Kraft müssen wir aus den Räumen schätzen, welche die Planeten in sehr kleinen Zeittheilen nach der Sonne hin beschreiben würden, wenn die Bewegung, welche sie haben, sie nicht einen andern Weg führte. Die Centripetalkraft gehört nämlich zu denjenigen, welche wir (Naturl. 53.) beschleunigende Kräfte genannt haben. Laßt uns annehmen, die Bahnen der Planeten seyn Kreise, und die Quadrate der Umlaufszeiten verhalten sich der Beobachtung zufolge wie die Würfel der Halbmesser. Die Bahnen sind zwar keine Kreise; allein da das Gesetz der Umlaufszeiten und der mittlern Entfernungen (147. ff.) durch die sehr ungleichen Excentricitäten nicht gestört wird, so würde eben das Gesetz Statt finden, wenn die Bahnen wirklich Kreise wären. Die Bahnen der Jupiters- und Saturnstrabanten kommen wirklich den Kreisen sehr nahe, so wie die Bahn der Venus und der Erde. Nun sey (Fig. 28.) ADd die Kreisbahn eines Planeten um die Sonne S, und (Fig. 30.) FIK

ein

ein Stück der Bahn eines andern um S; die Bogen AD, FI seyn in gleichen Zeiten beschriebene, so sind die Segmente AC, FH, welche durch die Perpendikel DC, IH von den Endpuncten der Bogen auf die Halbmesser AS, FS abgeschnitten werden, die Räume, welche die Körper durch die Centripetalkraft beschreiben. Je kleiner diese genommen werden, desto genauer drücken sie die Kräfte aus. Je kleiner sie sind, desto näher kommt das Verhältniß AC : FH dem $\frac{AD^2}{2AS} : \frac{FI^2}{2FS}$, weil die Chorde sich dem Bogen immer mehr nähert (Geom. 85. und 138.). Man nenne die Halbmesser r und R, die Geschwindigkeiten v und V, die Umlaufszeiten t und T, so verhalten sich AD : FI $= v : V = \frac{r}{t} : \frac{R}{T}$ *), also AC : FH $= \frac{r}{t^2} : \frac{R}{T^2}$. Nun ist aber, zufolge der Erfahrung, $r^3 : R^3 = t^2 : T^2$, also ist AC : FH $= \frac{1}{r^2} : \frac{1}{R^2}$, oder die Centripetalkräfte verhalten sich umgekehrt wie die Quadrate der Halbmesser. Soviel größer das Quadrat der Entfernung, soviel kleiner ist die Centripetal- oder Schwerkraft.

178. So sind wir durch das zweyte Keplerische Gesetz (147.) auf das Gesetz der Schwerkräfte der Planeten gegen die Sonne geleitet. Die wichtige Entdeckung dieses Gesetzes, welches alle himmlische Bewegungen, selbst die verwickeltsten, regiert, haben wir dem großen Newton zu danken. Den Satz, der

---

*) Die Geschwindigkeiten verhalten sich wie die Wege dividirt durch die Zeiten (Naturl. 23.), hier wie die Peripherieen der Kreise dividirt durch die Umlaufszeiten. Jene verhalten sich wie die Halbmesser.

der hier nur für Kreise bewiesen ist, bewies er auch für elliptische Bahnen, in deren einem Brennpuncte die Sonne ist. In diesen verhalten sich die Centripetalkräfte nothwendig umgekehrt, wie die Quadrate der Entfernungen von der Sonne, und die Quadrate der Umlaufszeiten wie die Würfel der mittlern Entfernungen oder der großen Axen. — Umgekehrt folgt auch aus jenem Gesetze der Schwerkräfte, daß die Bahnen der Planeten Ellipsen seyn müssen, in deren einem Brennpuncte die Sonne als der Mittelpunct der Kraft ist. Unter gewissen Umständen könnte die Bahn eines Kometen auch einer der andern Kegelschnitte, eine Hyperbel oder Parabel seyn.

179. Die Schwerkräfte der Trabanten des Jupiters, des Saturns und des Uranus verhalten sich ebenfalls umgekehrt wie die Quadrate der Entfernungen von ihren regierenden Planeten, weil für sie die Keplerische Proportion auch Statt findet. Hätten wir zwey Monde, so würden wir eben dasselbe beobachten. Wir können aber auch aus der Bewegung unsers einzelnen Mondes die Größe der Kraft erfahren, womit er zur Erde gehalten wird. Es ist schon in der Naturlehre (147.) diese Rechnung vorläufig angestellt. Hier wollen wir sie, wegen ihrer Wichtigkeit, genauer machen. Die Entfernung des Mondes und der Erde ist veränderlich, daher auch die Kraft, mit welcher sie gegenseitig auf einander wirken. Die Sonne wirkt auf beide, aber etwas ungleich, und vermindert meistens die Schwere der beiden Körper gegen einander. Man kann aber doch einen Kreis annehmen, welcher in derselben Umlaufszeit, als die mittlere des Mondes ist, durch eine unveränderliche Schwerkraft von dem Monde um die Erde beschrieben würde. Der Halbmesser dieses Kreises ist nur nicht der arithmetisch mittlere

lere zwischen dem größten und kleinsten Abstande (103.), oder 59,782 Halbmesser des Äquators, sondern ein wenig größer, nämlich 60,218. Der Halbmesser des Äquators hält 3279991 Toisen (97.). Man berechne aus diesem Halbmesser SA (Fig. 28.) den Umfang des Kreises, und theile ihn durch die Zahl der Minuten eines mittlern periodischen Monats, nämlich 39343 (49.), so erhält man den Bogen AD, als den Weg in einer Minute *). Das Quadrat desselben, dividirt durch den Durchmesser, giebt die Sagitta AC, oder die Fallhöhe des Mondes gegen die Erde in einer Minute. Diese ist 15,1127 Pariser Fuß.

Ferner ist die Länge des Secundenpendels auf dem Äquator an der Meeresfläche 36 Zoll 7,21 Lin. und die Fallhöhe in einer Secunde daselbst 15,0515 Fuß oder 15 F. 7,4 Lin. Weil der Umschwung der Erde die Schwere vermindert, so würde beides auf der unbewegten Erde etwas größer seyn, die Pendellänge 3,0607 Fuß, die Fallhöhe 15,1038 Fuß. Verhält sich die Schwere umgekehrt wie das Quadrat der Entfernung, so ist die Fallhöhe mit dem Quadrate von 60,218 zu dividiren, um dieselbe für diese Entfernung des Mondes zu erhalten. Die Fallhöhe in einer Minute oder 60 Secunden ist 3600 mahl größer, als die in einer Secunde (Naturl. 46.); sie ist also 14,995 Fuß; kleiner als die gefundene Fallhöhe des Mondes. Aber wegen der Mitwirkung des Mondes zu seinem Falle gegen die Erde ist die zuletzt berechnete Höhe etwa in dem Verhältnisse 75:76 zu vergrößern; wegen der Wirkung der Sonne in dem Verhält-

---

*) Kürzer: Man multiplicirt den Umfang des Kreises mit der Zahl 3,14159... (Geom. 164.), und dividirt mit dem Quadrate der Zeit, so hat man AC. Die Rechnung ist durch Logarithmen sehr leicht. Der Logarithme jener Zahl ist 0,4971499.

hältnisse 358 : 357 zu vermindern, wodurch sie 15,1520 Fuß wird. Dieses ist etwas mehr als die wirkliche 15,1127, aber nur um $\frac{1}{384}$. Die Figur und innere Beschaffenheit der Erde hat auf die Pendellänge und Fallhöhe einen Einfluß; in Absicht auf den Mond aber ist die Erde als eine gleichartige Kugel anzusehen. Folglich sind wir berechtigt zu behaupten, daß die Kraft, welche den Mond bey der Erde hält, eben die Schwerkraft ist, welcher die Körper auf der Erde gehorchen müssen, deren Wirkung aber in dem umgekehrten Verhältnisse des Quadrats der Entfernung vermindert worden.

180. Diese unsere Schwere ist also eine durch unser ganzes Planeten- und Kometensystem, und gewiß auch durch den ganzen Weltbau verbreitete Kraft. Denn wir sehen, daß die Kräfte, welche die Planeten bey der Sonne erhalten, sich nach demselben Gesetze richten, welches wir an dem Monde und den Körpern auf unserer Erde beobachten. Die Kometen beschreiben ihre Bahnen nach denselben Gesetzen, wie die Planeten die ihrigen. Sie gehorchen also auch derselben Kraft. Die Fixsterne sind in so unermeßlichen Entfernungen aus einander gesetzt, damit ihre Schwerkräfte gegen einander fast unmerklich werden möchten. Eine kleine Wirkung äußern sie doch auf einander. Denn man hat an mehrern Sternen Veränderungen des Orts bemerkt (40.), die theils ihrer eigenen Bewegung, theils einer Verrückung unserer Sonne zuzuschreiben sind. Die Beobachtungen künftiger Zeiten können hierüber erst mehr Aufschlüsse geben. Es ist bemerkt, daß auf einer Seite des Himmels, in einem Zeiträume von theils 44, theils 50 Jahren, 21 Sterne sich von Morgen gegen Abend, oder rückwärts, zusammen um 429″, bewegt haben,

haben, aber nur 6 Sterne vorwärts, zusammen um 29″. Auf der andern Seite des Himmels finden sich 29 Sterne, die sich vorwärts bewegt haben, zusammen um 402″, und 23 Sterne, die rückwärts gegangen sind, zusammen aber nur um 157″. Hieraus ist zu schließen, daß **unsere Sonne mit ihrem ganzen Gefolge von Planeten und Kometen eine Bewegung habe,** so daß jene Seite des Himmels rechter Hand, diese linker Hand liegt. Die Gegend des Himmels, nach welcher sich die Sonne bewegt, möchte diejenige seyn, wo Herkules und die nordliche Krone stehen. Aus einigen Umständen vermuthet Herschel, daß die Richtung ihrer Bewegung nach dem Sterne λ des Herkules oder da herum laufe. Wenn unsere Sonne eine eigene Bewegung hat, so werden andere Sonnen oder Sterne gleichfalls sich bewegen, wie es auch aus den angeführten Erscheinungen folgt. Durch die eigene Bewegung dieser großen Hauptkörper wird verhindert, daß sie nicht durch ihre gegenseitige Schwerkraft mit der Zeit zusammenstoßen. Vielleicht hat jeder Stern eine Bewegung, welche derjenigen etwa entgegengesetzt ist, die aus den vereinten Anziehungskräften der benachbarten entspringt. In der Gegend des Himmels, von welcher abwärts die Sonne sich bewegt, sind mehrere ansehnliche Sterne befindlich, in derjenigen, nach welcher sie geht, weit herum nur ein paar Sterne der zweyten Größe. Arkturus mag uns der nächste Stern seyn, weil seine Bewegung unter allen die merklichste ist. Aber seine Bewegung scheint der unsrigen ziemlich entgegengesetzt und parallel zu seyn, und so ist dafür gesorgt, daß beide Weltkörper sich nicht begegnen können. Sie bewegen sich vielleicht hauptsächlich um den gemeinschaftlichen Schwerpunct. — Der große Sterngürtel, die **Milchstraße,** dient vielleicht, die Anziehungen der Sterne

Sterne in dem Centralſyſtem zu vermindern, und hat selbst eine Bewegung um dieses System, um der Gegenwirkung das Gleichgewicht zu halten. Ruhe kann nirgends seyn.

181. **Die großen Ungleichheiten in dem Laufe des Mondes** (50—54.) lassen sich alle daraus erklären, daß die Sonne, ob sie gleich viel weiter von dem Monde absteht, als die Erde, dennoch wegen ihrer großen Masse eine beträchtliche Wirkung auf ihn äußert. Wenn der Mond zwischen der Erde und der Sonne steht, so wirkt die Sonne auf ihn stärker als auf die Erde, und vermindert seine Schwere gegen diese. Im Vollmonde wirkt die Sonne stärker auf die Erde, als auf den entferntern Mond, und zieht jene gleichsam von diesem ab, welches, in so fern die Erde als ruhend betrachtet wird, eben so gut ist, als wenn eine äußere Kraft den Mond von der Erde abzöge. In den Quadraturen, oder in dem ersten und letzten Viertel, wird durch die Wirkung der Sonne die Schwere des Mondes gegen die Erde vermehrt, aber nur ohngefähr halb so viel, als sie in jenen beiden Fällen vermindert wird. Überhaupt aber ist die Schwere des Mondes gegen die Erde wegen der Wirkung der Sonne nicht so groß, als sie ohne diese seyn würde. An gewissen Stellen seiner Bahn wird der Mond durch den Zug nach der Sonne hin merklich beschleunigt, an andern durch eben diese Kraft aufgehalten. Weil der Lauf des Mondes nicht in der Fläche der Ekliptik geschieht, so wird er durch die Schwere nach der Sonne bald der Ekliptik genähert, bald wieder davon entfernt. Daraus entsteht die so merkliche Veränderung in der Lage der Mondsbahn (53. und 54.). Die genaue Berechnung aller Ungleichheiten des Mondslaufs erfordert ein großes Buch.

Sie entstehen aber alle aus der mannigfaltigen Verbindung zweyer Kräfte, der Erde und der Sonne, welche sich directe wie die Massen dieser Körper, und umgekehrt wie die Quadrate ihrer Entfernungen vom Monde verhalten.

182. So wie der Mond gegen die Erde schwer ist, so gut ist es auch diese wieder gegen ihn, nur daß die Wirkung auf diese wegen der viel geringern Größe des Mondes viel kleiner ist. Doch fällt sie bey der Erhebung des Wassers, oder der Ebbe und Fluth, sehr in die Augen. Hievon in der physischen Geographie. Eine andere Erfahrung von der Kraft des Mondes haben wir durch die Vorrückung der Nachtgleichen und durch eine periodische Schwankung der Erdare. Da unsere Erde keine völlige Kugel, sondern um den Äquator erhabner ist als nach den Polen, so wirkt die Sonne und noch mehr der Mond auf die nach dem Äquator hin aufgehäufte Masse der Erde, wie sie auf einen Trabanten wirken würden, der nahe bey der Erde in der Ebene des Äquators herumliefe. Der Durchschnitt der Bahn desselben mit der Ekliptik müßte gegen die Ordnung der Zeichen zurückgehen, so wie es der Durchschnitt der Mondbahn mit der Ekliptik thut, nur viel weniger als dieser, weil der Trabant der Erde so nahe wäre. Daher entsteht also das Zurückgehen der Nachtgleichen oder des Durchschnitts des Äquators mit der Ekliptik. Weil die Bahn des Mondes gegen den Äquator sehr veränderlich ist, so ist auch seine Wirkung auf die Masse neben dem Äquator ungleich, und verursacht eine abwechselnde Annäherung und Entfernung des Äquators nach und von der Ekliptik, die in dem Winkel beider eine bis auf 18 Sec. steigende periodische Ungleichheit hervorbringt. Diese richtet sich nach der Bewegung der Knotenlinie der

Mondsbahn, und fängt mit derselben nach 19 Jahren (53.) von vorne an. Wegen des Zurückgehens der Nachtgleichen allein würden die Erdpole sehr langsam, erst in 25791 Jahren, (alle Jahr 50¼ Sec.) einen Kreis um die Pole der Ekliptik beschreiben. Die Schwankung der Erdaxe verrückt die Pole von diesem Kreise, und macht sie in einem kleinern Kreise, von 18 Sec. im Durchmesser, um einen auf dem größern Kreise jedes Jahr um 50¼ Sec. fortrückenden Punct, innerhalb 19 Jahren herumwandeln. — Auch diese Bewegung hat man der Rechnung unterworfen, die aber eine der feinsten in der ganzen Mathematik ist.

183. Der Mond hat auch einen Einfluß auf die Bewegung der Erde um die Sonne. Eigentlich ist es der gemeinschaftliche Schwerpunct beider Körper, der um die Sonne eine Ellipse beschreibt. Erde und Mond laufen um diesen Schwerpunct herum, der aber der Erde viel näher liegt als dem Monde, noch in ihren Körper fällt, weil die Masse des Mondes nur etwa $\frac{1}{75}$ von der Masse der Erde ist. Die Planeten selbst bringen Veränderungen des Laufs in den andern hervor, wenn sie groß und diesen nahe genug sind. Die Erde wird durch die Venus, weil sie so nahe ist, und durch den Jupiter wegen seiner beträchtlichen Masse, aus ihrer elliptischen Laufbahn gezogen. Jupiter wird durch Saturn in seinem Laufe gestört, dieser aber noch mehr durch jenen. Beide haben einen Einfluß auf die Bewegung des Uranus, welcher schon für alle Umstände der gegenseitigen Lage berechnet ist. Die Umlaufszeiten des mehrmahls erschienenen Kometen von 1759 sind beträchtlich ungleich. Die letzte war um 585 Tage länger als die vorhergehende, welches durch Jupiter und Saturn war verursacht worden. Die Umlaufszeit von 1531 bis 1607 war um 340 T. größer als

die vorhergegangene, und um 458 Tage größer als die darauf folgende. Die Trabanten des Jupiters und Saturns leiden von einander gegenseitige Einwirkungen. Daher entsteht auch das Fortrücken der Sonnenferne und der Sonnennähe in den Planetenbahnen, und das Zurückgehen der Knoten, wiewohl beides in einem Jahre sehr wenig beträgt, dagegen es in der Mondsbahn beträchtlich ist. Dadurch ist auch die Ebene unserer Erdbahn etwas geändert, denn die Breite der nördlichen Sterne in der Gegend des Sommerstillstandes hat sich vergrößert. Die Schiefe der Ekliptik nimmt ab, etwa 50″ in 100 Jahren.

184. Durch alle diese übereinstimmenden und berechneten Erscheinungen wird die Allgemeinheit der gegenseitigen Wirkungen der Himmelskörper auf einander noch mehr bestätiget. Man braucht für diese Wirkungen auch das Wort Anziehungskraft, ein schickliches Bild, die Erscheinung zu bezeichnen, wodurch man aber nicht glauben muß sie erklären zu können. Die Natur der Schwerkraft ist nicht für unsere Sinne. Sie ist die erste und allgemeinste Eigenschaft der Körper, daher wir sie unmöglich erklären können. Wir wissen weiter nichts als das Gesetz dieser Kraft, und brauchen nichts mehr zu wissen.

185. Die bisher erklärte Theorie der allgemeinen Schwere giebt ein Mittel, die Sonne und die Planeten abzuwägen, das ist, ihre Massen zu vergleichen. Die Erde kann hier als Einheit der Gewichte dienen. Masse ist die Menge der Materie oder des Wirksamen (Naturl. 41.). Wir werden hier die Massen zweyer Körper nach den Fallräumen schätzen, welche durch die Schwerkraft gegen sie, von einem andern, vergleichungsweise kleinen Körper, in derselben Entfernung, beschrieben werden. Wenn nun

nun um den großen Körper S (Fig. 28.) ein kleiner A in einem Kreise herumläuft, so ist der Fallraum in einer Secunde die zu dem in einer Secunde beschriebenen Bogen AD gehörige Sagitta AC, welche aus dem Halbmesser des Kreises und der Umlaufszeit gefunden wird, wie in (179.) gezeigt ist. Die Fallhöhe in einer Secunde auf der Erde unter dem Äquator ist 15,1038 Pariser Fuß, nämlich die unverminderte (179.). Man suche nun, wie groß die Fallhöhe gegen die Erde in der Entfernung SA, des Körpers A von dem Centralkörper S, seyn würde. Es verhält sich das Quadrat von SA zu dem Quadrate des Halbmessers des Äquators, wie jene Fallhöhe zu der gesuchten. Diese letztere verhält sich zu der AC, wie die Masse der Erde zu der Masse des Centralkörpers S.

Wenn die Fallräume in zwey Kreisen gleich sind, so verhalten sich die Massen der Centralkörper wie die Quadrate der Halbmesser. Bey ungleichen Fallräumen und ungleichen Kreisen verhalten sich daher die Massen wie die Producte aus den Fallräumen in die Quadrate der Halbmesser, das ist, **wie die Würfel der Halbmesser dividirt durch die Quadrate der Umlaufszeiten.** Diese Regel dient, die Massen der Sonne und derer Planeten, die Trabanten haben, zu vergleichen. Den Mond kann man für die Erde nicht mit Sicherheit gebrauchen, weil die Sonne zu vielen Einfluß auf seine Bewegung hat.

— 186. In der folgenden Tabelle sind die Massen und die Dichtigkeiten der Sonne und einiger Planeten, nebst den Fallhöhen auf ihren Oberflächen, nach meiner Berechnung angegeben. Die Dichtigkeit verhält sich wie die Masse dividirt durch den körperlichen Inhalt oder den Würfel des Durchmessers. Die Fallhöhe verhält sich wie die Dichtigkeit multiplicirt durch

ben Durchmeſſer. Auf die Verminderung wegen des Umſchwunges iſt nicht Rückſicht genommen.

	Maſſe.	Dichtigkeit.	Fallhöhe auf der Oberfläche.
Erde	1	10000	15,1038 Par. Fuß.
Sonne	356306	2573	433,24
Jupiter	334	2608	42,788
Saturn	105	1052	15,870
Uranus	18	2247	14,707

Man ſieht, daß hier kein gewiſſes Geſetz beobachtet iſt. Symmetriſche Abmeſſungen und Fortſchreitungen würden in dem großen Weltbaue zu kleinlich ſeyn.

187. Von den Planeten, die keine Trabanten haben, kann man die Wirkſamkeit nicht ſo leicht oder gar nicht meſſen, alſo ihre Maſſen auch nicht beſtimmt angeben. Die Venus ſcheint eine etwas weniges geringere Maſſe und eine etwas größere Dichtigkeit zu haben, als die Erde, welches aus dem Antheile, den ſie an der Verminderung der Schiefe der Ekliptik haben mag, ſich folgern läßt. — Auf dem Mars iſt nach meiner Rechnung, der beobachteten Abplattung zufolge, die Fallhöhe in einer Secunde nur 0,527 Fuß, alſo ſeine Maſſe nur $\frac{1}{108}$ der Erde. Vermuthlich hat er eine ſehr große Höhlung im Innern. — Die Maſſe des Mondes iſt nicht gewiß zu beſtimmen. Dem Antheile, den er an der Erhebung des Waſſers bey der Fluth zu haben ſcheint, zufolge, möchte die Maſſe $\frac{1}{88}$ von der Maſſe der Erde ſeyn; aber wegen der Schwankung der Erdaxe, welche der Mond verurſacht, ſcheint ſie kleiner, nur $\frac{1}{80}$ zu ſeyn.

188. Die Sonne iſt etwa 765 mahl größer an Maſſe als alle Planeten und Nebenplaneten zuſammen.

Der gemeinschaftliche Schwerpunct aller dieser Körper fällt daher nahe an den Mittelpunct der Sonne, nur 208 Erdhalbmesser oder noch nicht einen Sonnendurchmesser weit von demselben, wenn Jupiter, Saturn und Uranus auf derselben Seite, in derselben Linie mit der Sonne sind. Der Schwerpunct des ganzen Systems der Planeten und Kometen und der Sonne bleibt bey allen Bewegungen jener Körper unverrückt, und die Sonne selbst hat eine, wiewohl geringe Bewegung um diesen Punct, so wie der gemeinschaftliche Schwerpunct aller um sie laufenden Körper seine Stelle ändert. Durch die Einwirkung der übrigen Körper des großen Stern- oder Sonnensystems hat der Schwerpunct unseres Partialsystems eine Bewegung (180.), so wie der Schwerpunct jenes wieder durch die Kräfte anderer Sonnensysteme.

189. Daß der Mond uns immer dieselbe Seite zukehrt, wird begreiflich, wenn sein Äquator eine längliche Gestalt hat, und der größte Durchmesser desselben nach der Erde gerichtet ist. Die Erde wirkt auf die ihr nähern Theile des länglichen Mondkörpers am stärksten, und bringt sie, so wie sie von der Linie durch die Mittelpuncte beider Weltkörper abweichen wollen, wieder in diese Linie. Vielleicht ist es ein allgemeines Gesetz für die Nebenplaneten, daß sie ihren Centralplaneten immer dieselbe Seite zukehren. An dem äußersten Trabanten des Saturns glaubt man es auch bemerkt zu haben.

190. Die Bahnen der vier nächsten Planeten um die Sonne sind in Vergleichung mit dem ganzen System nahe bey einander. Aber von der Bahn des Mars bis zu der Bahn des Jupiters ist der Abstand fast $2\frac{1}{2}$ mahl so groß als von der Sonne bis zum Mars. Vom Jupiter bis zum Saturn ist der Abstand

fast dreymahl so groß. Diese Lücke zu erklären, muß man die große Masse des Jupiters in Betrachtung ziehen, welche vielleicht keinem andern Planeten Platz vergönnte, weil die Störung seiner Bahn durch den Jupiter zu groß gewesen seyn würde, wie es mit dem Kometen von 1759 wirklich der Fall gewesen ist.

Der Lauf der Planeten ist einstimmig von Abend gegen Morgen gerichtet. Wenn keine besondere physische Ursache bey ihrer Entstehung und Zusammenordnung dies verursacht hat, so möchte der Grund seyn, daß die Wirkung der gegenseitigen Schwere dadurch sollte vermindert werden.

191. Mars hat keinen Trabanten, da doch die Erde schon einen, und Jupiter vier Begleiter hat. Der Grund, warum dieser Planet einzeln gelassen ist, wird seyn, daß er eine so geringe Masse nach (187.) hat. Er besitzt nicht Stärke genug, einen Trabanten bey sich zu erhalten.

192. Von der Beschaffenheit der Himmelskörper und ihrer Bewohner möchten wir gern näher unterrichtet seyn. Allein so genau wir ihre Bewegungen kennen, so wenig wissen wir von ihrer Beschaffenheit. Die Sonne ist ein ganz eigenartiger Körper, den wir mit nichts bekanntem vergleichen können. Von den Planeten wissen wir nichts mehr, als daß sie unserer Erde überhaupt ähnlich sind, sogar daß Venus, Mars, Jupiter und Saturn auch eine Atmosphäre zu haben scheinen. Jupiter hat nur kurze Tage, weil sonst die Nächte zu lang und die Erkältung zu groß seyn würde. Seine Axe steht fast senkrecht auf seine Bahn; er hat also keine oder nur eine geringe Abwechselung der Jahrszeiten; die Winter würden bey seiner zwölfjährigen Reise um die Sonne zu streng werden, wenn
seine

Die Astronomie.

seine Axe eben so sehr als unsere Erdaxe gegen die Laufbahn geneigt wäre. Die Umdrehungszeit des Saturns mag etwa auch nur 14 Stunden seyn (71.), allein seine Axe scheint auf die Fläche des Ringes senkrecht zu stehen, und einen Winkel von 30 Grad mit seiner Bahn zu machen. Die Winter müssen auf dem Saturn also sehr kalt seyn, außerdem daß sie 30mahl länger sind als auf der Erde. Doch mag der Ring die Atmosphäre im Winter erwärmen. Wir dürfen übrigens nicht zweifeln, daß die Planeten und Kometen zu bewohnbaren Weltkörpern ausgebildet seyn. Denn ist nicht auf unserer Erde alles mit lebenden Geschöpfen erfüllt, und diese großen Körper sollten leer stehen, nur uns zu mathematischen Untersuchungen und als geographische Hülfsmittel dienen? Sollten die Trabanten des Jupiters bloß dazu geschaffen seyn, um uns auf dem Meere zu leiten? Allein es ist vergebens, von der Beschaffenheit der Bewohner jener Weltkörper etwas errathen zu wollen, weil unsere Einbildungskraft für die Mannigfaltigkeit der Natur viel zu eingeschränkt ist.

Uebersicht der Geschichte der Astronomie.

193. Es ist unterhaltend zu betrachten, wie der menschliche Verstand zu der Höhe, auf welcher er jetzt in der Astronomie steht, sich empor gearbeitet hat. Den Alten würde sie unersteiglich geschienen haben. Plinius sagt, den Abstand der Sonne von der Erde möge man allenfalls schätzen, aber ihn messen zu wollen, wäre thörichte Zeitverschwendung. Allerdings hat es Mühe genug gemacht, ehe man so weit gelangt ist, als wir nun gekommen sind, weil feine Beobachtungen und künstliche Rechnungen sich einander die

Hand

Hand bieten müssen. Die alten Indier und Ägypter können nichts als die Perioden der Bewegungen und Erscheinungen gewußt haben. Die Griechen fielen nicht darauf, gute Werkzeuge zu verfertigen, konnten auch mit ihrer sonst weit getriebenen Geometrie in der Astronomie nicht viel ausrichten, weil sie die Anwendung der Arithmetik auf die Geometrie verschmähten, überhaupt auch sehr wenig von der allgemeinen Rechenkunst wußten. Ihre trigonometrischen Tafeln bestanden noch im zweyten Jahrhunderte nur aus ein paar Blättern. Das erste Verzeichniß der Fixsterne lieferte Hipparchus, ein Akademist zu Alexandrien, etwa 160 Jahr vor C. G. Dieser fleißige Astronom, der Vater der alten Astronomie, unternahm es schon, den Sonnen= und Mondslauf in Tafeln zu bringen, und bestimmte die Länge des Jahrs ziemlich genau. Ptolemäus, auch ein Alexandrinischer Gelehrter, schrieb (um 125 J. nach C. G.) ein großes astronomisches System, das über 1400 Jahr in Europa und Asien allgemein herrschend blieb. Die Aristotelische Physik ließ keinen Gedanken zur Verbesserung der Astronomie aufkommen. Man wagte keinen Schritt ohne das Leitband des Ptolemäus und Aristoteles. Erst in demjenigen Jahrhunderte, in welchem die Allgewalt der Hierarchie geschwächt ward, machte sich Copernicus von den Fesseln des Ptolemäischen Systems los. Doch behielt er noch Kreise und Epicyklen bey. Tycho de Brahe versuchte einen Mittelweg zwischen dem alten und neuen System, weil er sich von dem ganz buchstäblichen Sinne einiger biblischen Ausdrücke nicht zu entfernen wagte. Seine Weltordnung fand wenig Beyfall; aber seine sehr zahlreichen und sorgfältigen, mit bessern Werkzeugen angestellten Beobachtungen sind desto schätzbarer. Auf diese gründete Kepler
seine

seine Theorien und Tafeln. Daß wir diesem scharfsinnigen Mathematiker die Entdeckung der wahren Gestalt der Planetenbahnen und der Gesetze des Laufs auf denselben zu danken haben, ist oben erzählt. Man muß ihn desto mehr bewundern, wenn man einsehen kann, wie äußerst schwer es ihm zu seiner Zeit ward, so weit zu gelangen. Das 16te Jahrhundert lieferte schon trigonometrische Tafeln so vollständig, als wir sie selbst jetzt nur nöthig haben. Rhäticus (Ge. Joh. der Graubündner) fieng die ungeheure Arbeit an, welche nach seinem Tode ein Zögling von ihm vollendete. Bald nach diesem höchst wichtigen Hülfsmittel wurden die Logarithmen, welche die beschwerlichen trigonometrischen Rechnungen so sehr abkürzen, von Neper, Briggs und Blacq berechnet. Die Erfindung der Fernröhre um den Anfang des 17ten Jahrhunderts eröffnete ein großes Feld der wichtigsten Entdeckungen am Himmel. Galilei benützte sie gleich anfangs vortrefflich. Die Stiftung der Londoner Gesellschaft der Wissenschaften (1660) und der Pariser Akademie (1666) ward der Astronomie, so wie der Naturforschung überhaupt, sehr vortheilhaft. Die letztere insbesondere hat beständig bis auf die jetzige Zeit ungemein viel zur Vervollkommnung der Astronomie beygetragen. Die Entdeckungen am Himmel vermehrten sich, die Beobachtungen des Laufs der Himmelskörper wurden immer zahlreicher und genauer. Hevelius, Cassini, Huygens, Flamstead, sind unvergeßliche Namen. Die Werkzeuge wurden vollkommener. Man brachte z. B. das Fernrohr an den Quadranten an, da man vorher, wie jetzt in der gemeinen Feldmeßkunst, nur durch Dioptern die Weltkörper mit bloßen Augen beobachtete. Am wichtigsten war die Erfindung der

Pen-

Pendeluhren von Huygens, da ohne eine genaue Zeitmessung keine Zuverlässigkeit in der Astronomie möglich ist. In Frankreich ward die erste genaue Messung eines Bogens des Meridians (1669) vorgenommen, nach dem Verfahren, welches Snellius einige Zeit vorher in Holland gebraucht hatte.

Bis gegen das Ende des 17ten Jahrhunderts war die Astronomie noch ganz eine empirische Wissenschaft. Descartes wollte mit seiner Einbildungskraft den Bau des Himmels erklären; seine Wirbel schienen manchen annehmlich, und waren lange Zeit auch in der französischen Akademie beliebt; allein Newtons mathematische Physik zerstreute sie endlich ganz. Newton, welcher Mathematik und Naturforschung in einem bis jetzt einzigen Grade der Vollkommenheit verband, drang sehr weit in die mathematische Lehre von der Bewegung ein, und wandte diese mit dem glücklichsten Erfolge auf die Astronomie an. Durch die Vergleichung seiner allgemeinen Theorie mit den Keplerischen Bemerkungen entdeckte er die allgemeine Schwere und ihre Gesetze. Er ist der Erfinder der physischen Astronomie. Seine optischen Entdeckungen sind der Astronomie sehr nützlich geworden. Er erfand eine zum astronomischen Gebrauche vollkommenere Art des Spiegelteleskops, welches in unsern Zeiten Herschel in einer erstaunlichen Größe zu Stande gebracht hat. Die neue Rechnung mit den Verhältnissen unendlich kleiner Größen, welche Newton erfunden und mit großem Vortheile zu seinen Untersuchungen gebraucht hatte, ward immer mehr erweitert und zum Vortheile der Astronomie angewandt. Anfangs schien es zwar, als wenn sich niemand auf die von Newton betretene Laufbahn wagen

wagen wollte. Bis nahe zur Mitte dieses Jahrhunderts fanden sich nur Commentatoren, aber keine Nacheiferer. Inzwischen war man in den Beobachtungen sehr fleißig. Halley, Bradley, de la Caille, de l'Isle, zeichneten sich vorzüglich aus. Die Werkzeuge erhielten durch die genauere Theilung und durch verschiedene Mikrometer eine größere Vollkommenheit, und die Beobachtungen durch die schärfste Aufmerksamkeit auf jeden Umstand, große Zuverläßigkeit. Auch die Fernröhre erhielten eine unvermuthete große Verbesserung durch die farbenfreyen zusammengesetzten Objective, die Dollond erfand. Zwar hat man keine neue Gegenstände am Himmel durch diese neue Gattung entdeckt, aber sie ist nicht allein zur Beschauung der Gegenstände, sondern auch zur Beobachtung ihrer Örter viel vortheilhafter als die alte Gattung. Die neuen Herschelschen Spiegel=Teleskope aber haben uns viel neues am Himmel kennen gelehrt. Der ganze astronomische Apparat ist in den neuesten Zeiten ungemein verfeinert; insbesondere haben die Uhren an Vollkommenheit sehr zugenommen.

Um die Mitte unsers Jahrhunderts ward die Untersuchung der Bewegungen der Himmelskörper aus mechanischen Grundsätzen mit Eifer fortgesetzt. Es war die Frage, die Abweichungen von der einfachen elliptischen Bahn, wegen der gegenseitigen Wirkungen aller Körper unsers Systems, insbesondere bey dem Laufe des Mondes; die Verrückung der Erdaxe und ihrer Bahnebene, die Gestalt der Planeten, die zum Gleichgewicht ihrer beweglichen Theile bey ihrer Umdrehung um eine Axe erforderlich ist, die Bewegungen des Meeres bey der Fluth und Ebbe, zu bestimmen.

Die

Die größten Analysten, Euler, Clairaut, d'Alembert, de la Grange, de la Place, haben daran ihre Kunst erschöpft. Die genauen Mondstafeln, welche Mayer zu Göttingen, ein vortrefflicher Beobachter und geübter Analyst, zu Stande brachte, waren die erste Frucht dieser Untersuchungen. Man sucht jetzt immer mehr die ganze Theorie der Astronomie so weit von der Erfahrung unabhängig zu machen, daß man nur die individuellen Bestimmungen aus Beobachtungen zu nehmen nöthig habe, um daraus den Lauf des Körpers vollständig zu berechnen, ohne empirische Einmischungen, von welchen die Theorie keinen Grund angeben könnte. Hoffentlich wird unsere Theorie der Astronomie bald so weit gebracht seyn, daß sie für alle Weltkörper allgemeingültig ist. Der Flug, den unser Geist zu nehmen im Stande ist, mag uns wegen der Beschränktheit unserer körperlichen Kräfte und unsers Wohnortes zufrieden stellen.

	Neigung der bahn gegen die Erdbahn.	Umwälzungszeit.	Durchmesser in Meilen.
Sonne	– – –	25 T. 10 St. (14)	191575
Merkur	7° 0′ 0″	unbekannt	690
Venus	3 23 35	23 St. 21′	1669
Erde	– – –	23 St. 56′ 4″	1719
Mars	1 51 0	24 St. 39 22	894
Jupiter	1 18 56	9 St. 56′	18670
Saturn	2 29 50	unbekannt	17160
Uranus	0 46 20	unbekannt	7447
Ring de Saturn	– – –	10 St. 32′ 15″	40040
Mond	Durchmesser 68½ Meilen		

Vierter Abschnitt.
Die mathematische Geographie, Steuermannskunst, Chronologie und Gnomonik.

I. Die mathematische Geographie.

194. Die mathematische Geographie betrachtet, was bey der Erde einer Ausmessung fähig ist. Die wichtigsten Lehren derselben von der Gestalt und Größe der Erde sind schon in der Astronomie (84—100. und 110—113.) vorgetragen, weil ihr Halbmesser uns den Maaßstab zu den Messungen am Himmel giebt, und die Kenntniß ihrer Gestalt zu manchen astronomischen Untersuchungen nothwendig ist. Hier wird also nur noch dasjenige nachzuholen seyn, was die Erde insbesondere angeht. Die physische Geographie, welche die Naturbeschaffenheit unserer Erde in ihrem gegenwärtigen und ehemahligen Zustande untersucht, wird ein eigenes Hauptstück erfordern.

195. Das Stück der Erdfläche auf beiden Seiten des Äquators AQ (Fig. 8.) bis zu den Parallelkreisen KR, ST, die von jenem 23° 28′ abstehen, heißt die heiße Zone. Allen Örtern innerhalb dieser Zone geht die Sonne zweymahl im Jahre durch das Zenith, und steht einen Theil des Jahrs hindurch in Norden, den andern in Süden. Die Hitze ist hier, wegen der größtentheils fast senkrecht auffallenden Strahlen, am größesten, in so ferne sie nicht durch locale Ursachen gemäßigt wird. Die gedachten Parallelkreise heißen auch auf der Erde die Wendekreise.

Von ihnen bis zu dem Parallelkreise von 66° 32′, DHE, FIG, auf beiden Seiten des Äquators, oder bis an die Polarkreise, erstreckt sich die gemäßigte Zone. Die Sonne steigt hier nie bis zum Zenith hinauf, und steht zu Mittage immer entweder in Süden oder Norden. Der mittlere Theil dieser Zonen ist nur im eigentlichen Verstande gemäßigt. Denn die an die Wendekreise gränzenden Gegenden sind oft sehr heiß, die nächst den Polarkreisen sehr kalt. Die beiden übrigen Stücke innerhalb der Polarkreise heißen die kalten Zonen, um den Nordpol die nördliche, um den Südpol die südliche. Wenn man die ganze Oberfläche der Erde in 10000 gleiche Theile theilt, so enthält die heiße Zone davon 3982, beide gemäßigte 5191, beide kalte 827 Theile.

196. Je näher ein Ort nach dem Äquator liegt, desto größer ist der Winkel des Horizonts mit dem Äquator, und der Unterschied der Dauer des Tages und der Nacht wird immer kleiner. Diese Dauer wird nach den Polen hin immer ungleicher, bis daß unter den Polen selbst, die Hälfte des Jahrs eine Nacht, und die andere Hälfte ein Tag ist. Die Gränze der Erleuchtung EG (Fig. 14.) schneidet nämlich den Äquator allemahl in zwey gleiche Theile, die Parallelkreise aber in ungleiche, und zwar desto ungleichere, je näher nach den Polen. Um die Zeit des Sonnenstillstandes schneidet sie die jenseits der Polarkreise liegenden Parallelkreise gar nicht.

197. Die Alten zogen durch jeden Punct, wo der längste Tag um eine halbe Stunde zunimmt, Parallelkreise, und theilten die Erde dadurch in Klimata ein. Wir gebrauchen diese Eintheilung nicht mehr. Doch haben wir das Wort Klima behalten, um dadurch die physische Beschaffenheit eines Landes anzuzeigen.

198.

Die Geographie.

198. In der gemäßigten Zone hat man vier Jahrszeiten, Frühling vom Eintritte der Sonne in das Zeichen des Widders bis zum Sonnenstillstande, u. s. w. In der kalten sind nur zwey, nämlich Sommer und Winter; jener fängt an, wenn sich die Sonne wieder über dem Horizonte zeigt, bis dahin, daß sie wieder darunter verschwindet, und der Winter angeht. Physisch fängt der Sommer freylich später an, und hört eher auf; da hingegen in der gemäßigten Zone die Jahrszeiten, der Witterung nach, dem Stande der Sonne voreilen. In der heißen Zone verhält es sich mit den Jahrszeiten ganz anders, als in der gemäßigten.

199. Die Bewohner desselben Parallelkreises (perioeci) haben einerley Jahrszeiten; die auf entgegengesetzten unter derselben Breite (antoeci) haben entgegengesetzte Jahrszeiten. Die Bewohner zweyer Örter an den beiden Enden eines Erddurchmessers heißen Antipoden. Die Neu=Seeländer sind zum Theil die Antipoden der Spanier.

200. Den Horizont eines Ortes theilt man durch die beiden Puncte, wo der Meridian, und die beiden, wo der Äquator ihn schneidet, in vier gleiche Theile. Die Theilungspuncte heißen Nord, Ost, Süd, West, oder die vier Hauptgegenden. Man halbirt diese Quadranten in den Puncten Nordost, Südost, Südwest, Nordwest. In der Mitte zwischen diesen Nebengegenden und den Hauptgegenden liegen von Norden an die Striche, welche Nordnordost, Ostnordost, Ostsüdost, Südsüdost; Südsüdwest, Westsüdwest, Westnordwest, Nordnordwest heißen. Zwischen diesen und jenen Puncten liegen noch sechzehn Striche, welche von der anliegenden Haupt= oder Nebengegend

und der nächsten Hauptgegend, nach welcher hin sie liegen, den Namen bekommen, mittelst der eingeschobenen Sylbe gen: als Nord gen Ost, Nordost gen Nord, Nordost gen Ost u. s. w.

201. Eine Landcharte ist ein perspectivischer Entwurf eines Theils der Erdfläche. Ist dieses Stück so klein, daß es ohne merklichen Fehler für eben gehalten werden kann, so wird es nach den in der Geometrie gelehrten Methoden aufgetragen. Man zeichnet rechts und links die geographische Breite auf, wozu man nur von einem Orte der Gegend sie zu wissen braucht, um von dem Parallelkreise desselben aus, mittelst der bekannten Länge eines Grades in der entworfenen Gegend die Breiten von 5 zu 5 oder in einzelnen Minuten aufzutragen. Die Länge wird an dem obern und untern Rande verzeichnet. Da aber die Parallelkreise nach den Polen hin kleiner werden, in dem Verhältnisse der Cosinus der Breiten oder der Sinus der Entfernungen vom Pol, so müssen die Grade und Minuten der Länge in diesem Verhältnisse kleiner als die Grade der Breite genommen werden. Begreift die Charte mehrere Grade der Breite, so muß man die Grade der äußersten Parallelkreise, jede nach dem ihnen eigenen Verhältnisse verändern. Die Meridiane werden alsdenn durch gerade convergirende Linien dargestellt, die Parallelkreise durch parallele auf den mittlern Meridian senkrechte.

202. Große Theile der Erde darzustellen hat man verschiedene Methoden. Die orthographische Projection zieht von jedem Puncte der Erdfläche auf eine sie berührende Ebene Perpendikel, welche die ihnen zugehörigen Puncte abbilden. Es ist aber schwer, die Meridiane und Parallelen zu zeichnen, welche nach dieser Art alle Ellipsen werden, außer bey der Polarprojection,

jection, wenn die Ebene der Projection den einen Pol berührt, in welchem Falle alle Meridiane gerade in dem Pole sich schneidende Linien, und die Parallelkreise concentrische Kreise um den Pol sind. Diese Projection wird nützlich gebraucht, die nördliche und südliche Halbkugel vorzustellen. Sie verkleinert aber die nach dem Äquator hin gelegenen im Verhältnisse gegen die Polarländer.

203. Eine in sehr vielen Fällen brauchbare Projectionsart ist die sogenannte stereographische *). Die Tafel, worauf die Abbildung geschieht, geht durch den Mittelpunct der Kugel, das Auge wird in den einen Pol des Kreises gesetzt, der in der Ebene der Tafel liegt, und die jenseitige Fläche der Kugel wird so entworfen, als wenn das Auge die innere hohle Seite betrachtete. Es sey (Fig. 31.) AEBD ein großer Kreis der Kugel, ACB stelle die Tafel (eigentlich eine Linie auf derselben durch den Mittelpunct der Kugel) vor; D ist der Ort des Auges; E der entgegengesetzte Ort auf der Kugel, der Mittelpunct der Projection, dessen Bild in C den Mittelpunct der Kugel und der Tafel fällt; F ein andrer Ort der Kugelfläche, dessen Bild in H fällt, so wie des Punctes G Bild in I. Das vorzügliche dieser Entwerfungsart ist, daß alle Kreise, größte oder kleinere, wieder durch Kreise vorgestellt werden; und daß alle Kreise auf der Projection sich unter demselben Winkel wie auf der Kugel schneiden, daher kleine Portionen der Abbildung dem vorgestellten Stücke der Kugelfläche ähnlich sind, nur daß die nach A und B hin liegenden größer sind als die um E befindlichen, ob zwar die Stücke der Kugelfläche gleich

*) Die Eigenschaften der stereographischen Projection, nebst allen bey derselben vorkommenden Constructionen, habe ich aus Gründen der gemeinen Geometrie in einer kleinen Schrift, 1788, entwickelt.

gleich sind. Alle Aufgaben, die man auf der Kugel auflöset, kann man vermittelst dieser Projection leicht, und oft bequemer als auf der Kugel, auflösen. Der Bogen EF wird durch die Linie CH vorgestellt, welche die Tangente des Winkels HDC ist, dessen Maaß der halbe Bogen FE ist. Daher ist es leicht, einen Maaßstab zu machen; nach welchem die Größe des Bogens FE oder die Entfernung jedes Ortes von E gemessen werden kann. Nach dieser Art sind die von Hrn. Bode gezeichneten, und für dieses Werk anfangs bestimmten Planiglobien entworfen, wobey Berlin der Mittelpunct der Projection ist.

204. Einzelne Theile der Erdfläche zu entwerfen, ist folgendes Verfahren sehr dienlich, welches sich auf die Abwickelung der Oberfläche eines senkrechten Kegels gründet. Die abgewickelte Fläche ist ein Sector eines Kreises, dessen Halbmesser die Seite des Kegels, und dessen Bogen dem Umfange seiner Grundfläche gleich ist. Der zu dem Bogen gehörige Winkel verhält sich zu 360 Grad, wie der Halbmesser der Grundfläche zu der Seite des Kegels. Hieraus sieht man, wie sich ein von zwey parallelen Kreisen begränztes Stück der Kegelfläche zu einer ebenen Fläche abwickeln läßt. Nun nehme man auf der Kugel eine schmale Zone, so kann man diese als die Oberfläche eines Kegelstücks betrachten und sie abwickeln. Hier gebrauchen wir aber nur einen mäßigen Theil dieser Zonenfläche. Die zu zeichnende Landcharte ist ein Theil der Oberfläche einer Kugel, deren Umfang die angenommene Länge eines Breitengrades 360 mahl genommen ist, woraus also der Halbmesser dieser Kugel gefunden wird. Die berührende gerade Linie an der Kugel von einem Parallelkreise bis an die verlängerte Axe ist der Halbmesser des

Paral-

Parallelkreises auf der Charte. Man findet denselben, wenn man die Länge eines Breitengrades mit der Zahl 57,296 und mit der Tangente des Complements der Breite für den Radius Eins multiplicirt: Die Länge eines Grades auf den Parallelkreisen der Charte verhält sich zu einem Breitengrade wie der Sinus des Complements der Breite zum Radius. Oder ein Winkel an dem Mittelpuncte eines Parallelkreises auf der Kugel verhält sich zu dem auf der Charte wie der Radius zu dem Sinus der Breite. Z. B. ein Winkel von 15 Grad auf dem Parallelkreise in der Breite von 50 Grad wird in der Zeichnung in einen Winkel von 38° 18′ verwandelt, nach dem Verhältnisse 1000 zu 766. Die Länge der Grade ist in der Zeichnung so groß als auf der Kugel.

205. Auf der Kugel werden die Grade der Parallelkreise nach den Polen hin immer kleiner; die Grade der Breite bleiben immer dieselben. Man lasse nun umgekehrt die Grade der Parallelkreise unverändert, vergrößere aber dagegen die Grade der Meridiane in eben dem Verhältnisse, in welchem auf der Kugel die Grade der Parallelkreise gegen die Grade der Meridiane kleiner werden. Diese Charten, welche man reducirte, oder Charten mit wachsenden Breiten, auch Mercators oder Wrights Charten nennt *), haben den Vortheil der leichten Entwerfung, und stellen auch die Winkel der Meridiane und Parallelkreise richtig dar, nur daß sie die äußersten Gegenden der Breite zu groß machen. Die Gegenden nicht weit von den Polen können wegen des sehr abnehmenden Verhältnisses der Parallelkreise und Meridiane nach

---

*) Gerhard Mercator gab um das Jahr 1569 zuerst eine solche Charte aus; die Gründe ihrer Zeichnung machte nach einiger Zeit Edward Wright bekannt, den man als den eigentlichen Erfinder anzusehen geneigt ist.

nach dieser Art nicht gut entworfen werden. Auf der See werden sie hauptsächlich gebraucht. Aber auch Länder, wie Deutschland, Frankreich, lassen sich nach dieser Methode sehr bequem und natürlich genug zeichnen. Die Weltcharte, welche diesem Werke beygefügt ist, ist eine reducirte. Die Polarländer sind nach der orthographischen Methode entworfen.

206. Die Oerter, deren Lage durch astronomische Beobachtungen gefunden ist, werden zuerst eingetragen, darauf die andern, deren Lage gegen diese durch Messung oder Schätzung bekannt ist. Die Gränzen der Länder und die Küsten, den Lauf der Flüsse, die Verbindung der Gebirge muß man theils aus eigenen Messungen, theils aus zuverläßigen Nachrichten anderer zeichnen.

207. Eine künstliche Erdkugel allein gewährt eine richtige Vorstellung der Lage und Proportion der Theile auf der Erdfläche. Das erste bey ihrem Gebrauche ist, daß man den Ort, wo man sich befindet, oder wohin man sich etwa versetzt, ganz genau zu oberst auf der Kugel stelle, indem man dem Nordpole auf unserer nördlichen Hälfte die für den Ort gehörige Höhe über dem hölzernen Kranze, dem Horizonte, giebt, und den Ort unter den messingenen Kreis, den Meridian, bringt. Den Zeiger des kleinen Stundenkreises, der in zweymahl 12 Theile eingetheilt ist, stellt man auf 12. Die Axe richtet man gegen Norden, und dreht die Kugel von Abend gegen Morgen, so hat man eine Vorstellung von der täglichen Umwälzung der Erde. Dreht man die Kugel entgegengesetzt herum, nach der Folge der Stunden auf dem kleinen Kreise, und bringt einen andern Ort unter den Meridian; z. B. Peking in China, wenn Berlin vorher auf 12 gestellt war, so zeigt der Zeiger die Stunde zu Peking

Peking nach der Berliner Uhr, nämlich 7 Stunden (6 Stunden 52 Min.), wenn es in Berlin Mittag ist. Genauer giebt es der Äquator selbst, wenn man den Bogen zwischen den Meridianen beider Örter aufnimmt, und für 15 Grad eine Stunde rechnet. Dadurch ist der Unterschied der Länge bekannt. Stellt man den ersten Meridian auf 12, dreht die Kugel nach der Folge der Stunden, und führt einen Ort unter den Meridian, so hat man die Länge des Ortes in Stunden und deren Theilen, so genau es der kleine Kreis erlaubt; genauer vermittelst des Äquators. Die Breite eines jeden Orts giebt der in Grade eingetheilte Meridian an.

208. Bemerkt man auf der Ekliptik *) den Ort der Sonne, bringt diesen unter den Meridian, macht die Polhöhe der Declination der Sonne gleich, im Sommer die des nördlichen Pols, im Winter die des südlichen, so ist die Hälfte der Kugel über dem hölzernen Kranze der erleuchtete Theil der Erde für eine gewisse Zeit. Man bringe einen Ort, als Berlin, unter den Meridian, stelle den Zeiger auf 12, so hat man die um 12 Uhr erleuchtete Halbkugel vor Augen. Führt man Berlin an den östlichen Horizont, so hat man die Stunde des Sonnenaufganges, an dem westlichen die Stunde des Unterganges. Doch dreht man so die Kugel der Umwälzung der Erde entgegen. Wenn man hiebey den Stundenzirkel abnehmen muß, so kann man sich eben so gut und noch besser des Äquators bedienen.

Mehreres vom Gebrauche der Erd- und Himmelskugel muß man bey andern Schriftstellern suchen. Den voll-

---

*) Die Ekliptik gehört eigentlich nicht auf eine Erdkugel, weil die Lage der Oerter gegen dieselbe sich jeden Augenblick ändert. Doch ist sie auf die angegebene Art nützlich zu gebrauchen.

vollständigsten Unterricht giebt Hr. Prof. Scheibel in seiner Schrift vom Gebrauche der künstlichen Erd- und Himmelskugel, welcher eine brauchbare Einleitung in die Astronomie beygefügt ist. Breslau 1779.

II. Die Schifffahrtskunde.

209. Die Schifffahrtskunde (Steuermannskunst, Engl. navigation, Franz. auch le Pilotage) lehrt den Weg eines Schiffes finden, sowohl denjenigen, welchen es von einem gewissen Orte an zurückgelegt hat, als welchen es nehmen muß, um an einen bestimmten Ort zu gelangen. Sie erfordert eine gute Kenntniß der Rechenkunst, der ebenen und sphärischen Trigonometrie, der sphärischen Astronomie, des Sonnen- und Mondslaufs insbesondere, und eine geschickte Hand in Zeichnung geometrischer Constructionen.

210. Ein Schiffer gebraucht drey Werkzeuge, den Compaß, das Log und ein oder anderes Instrument zur Messung der Höhen der Himmelskörper, des nöthigen Reißzeuges nicht zu gedenken. Ein unentbehrliches Hülfsmittel sind genaue Seecharten.

211. Der Compaß besteht aus einer Magnetnadel, auf welcher die Windrose, ein Stern mit 32 Spitzen, welche die Haupt- und Nebengegenden des Himmels anzeigen, befestigt ist. Die runde mit einem Glase bedeckte Büchse, in welcher die Nadel mit der Windrose sich auf einer stählernen Spitze frey herumdrehen kann, hängt mit zwey Zapfen in einem Schwungringe, welcher wiederum auf zwey Zapfen beweglich hängt, die von jenen um einen Viertelkreis abstehen, und in dem äußern, gewöhnlich viereckten, Kasten fest sind, so daß die Büchse bey allen Schwan-
kungen

Die Schifffahrtskunde.

kungen des Schiffs eine wagerechte Lage behalten kann. Man hat zweyerley Compasse, den **Strichcompaß** oder schlechtweg Schiffscompaß (Compas de route), und den **Peilcompaß** *) (Compas de variation). Von jenem stehen gewöhnlich zwey unmittelbar vor demjenigen, welcher das Schiff steuert, in einem Schranke von der Einrichtung, daß zwischen beiden Compassen ein Licht zu ihrer Erleuchtung bey Nacht angebracht werden kann. Dieser Schrank heißt das **Nachthaus** (habitacle). Der Peilcompaß (Fig. 32.) dient, die Lage entfernter Gegenstände oder der Himmelskörper in Absicht auf die Weltgegenden aufzunehmen, auch die Abweichung (Mißweisung, variation) der Magnetnadel zu erfahren. Das äußere Kästchen hat zu dem Ende zwey Dioptern, durch welche man nach dem Gegenstande visirt, indem ein zweyter Beobachter die Lage der Windrose gegen einen queerüber auf die Absehenslinie senkrecht gespannten Faden bemerkt, woraus die Lage des Gegenstandes in Absicht der Weltgegenden leicht gefunden wird. — Die **Abweichung der Magnetnadel** zur See zu erfahren, beobachtet man mit diesem Compasse den Ort, wo die Sonne auf= oder untergeht, und vergleicht diesen mit dem berechneten, vorausgesetzt, daß man die Breite seines Orts, und auch einigermaßen die Länge kenne. Man kann auch das Azimuth (8.) der Sonne, des Mondes oder eines Sterns gebrauchen, die Abweichung der Magnetnadel zu erfahren, wenn man das berechnete und das mit dem Compasse beobachtete mit einander vergleicht. Der zu Beobachtungen dieser Art eingerichtete Peilcompaß erhält den Namen **Azimuthcompaß**. Das Azimuth wird aus dem Abstande des Ortes und des Gestirns vom Pole, und

---

*) Vom Holländ. pylen, messen. Ich würde ihn **Visircompaß** nennen.

und dem Abstande des letztern vom Zenith (oder auch dem Winkelabstande vom Meridian) berechnet.

212. Das Log ist ein hölzernes Dreyeck (6 oder 7 Zoll hoch), an welches eine durch Knoten eingetheilte lange Leine, die Logleine, an der einen Spitze geknüpft ist. Dieses wird ins Wasser gelassen, worin es sich, wegen des in den untern, jener Spitze gegenüberstehenden, Theil eingegossenen Bleyes, senkrecht stellt. Damit das Dreyeck aber seine breite Fläche dem Wasser entgegenstelle, ist unten daran noch ein Stückchen Holz mit einer kurzen Schnur angebunden; eine andere kurze Schnur geht von der Logleine ab, und vereinigt sich mit jener mittelst eines Pflöckchens, der in ein Loch des Stückchens Holz gesteckt wird. So lange man von dem segelnden Schiffe ab die Logleine laufen läßt, stellt sich die breite Fläche des Dreyecks dem Wasser entgegen nach der Richtung des Schiffes; sobald man, nach vollendetem Versuche, das Log wieder einnehmen will, zieht man mit einem Ruck die Leine an sich, der Pflock geht aus dem Stückchen Holz heraus, und das Dreyeck wendet seine schmale Fläche dem Schiffe zu. Mittelst dieses Werkzeuges sucht man die Geschwindigkeit eines segelnden Schiffes, seine Fahrt, zu erforschen. Gesetzt, das Dreyeck stehe im Wasser unbewegt, so kann man aus der Länge der abgewickelten Leine und der Zeit auf die Geschwindigkeit des Schiffes schließen. Die Seemeilen werden von verschiedener Größe gerechnet, von den deutschen und dänischen Schiffern 15 auf einen Grad; von den französischen und holländischen 20, und von den englischen 60 auf einen Grad. Wir wollen 60 nehmen, so ist eine Seemeile grade so viel, als eine Minute eines großen Kreises auf der Erdkugel. Den Versuch mit dem Log läßt man eine halbe Minute

nach

nach einer dazu eingerichteten Sanduhr dauren. Theilt man nun die Logleine durch Knoten in gleiche Theile, deren jeder der 120ste Theil einer Seemeile ist, oder 47,64 Pariser Fuß (50,78 engl.) hält (98.), so segelt das Schiff in einer Stunde so viele Seemeilen, als Theile abgewickelt sind. Die Knotenlänge nimmt man aus Vorsicht ein wenig kürzer, als sie genau seyn sollte.

213. Das Log ist kein sicheres Mittel, die Geschwindigkeit des Schiffes zu messen. Hat das Wasser eine eigene Bewegung, so giebt es die Geschwindigkeit zu klein an, wenn das Schiff mit dem Strome segelt, weil es von dem Strome mit fortgezogen wird; in dem gegenseitigen Falle giebt es sie zu groß an. Das Schiff wird, wenn es schief gegen den Strom segelt, etwas zur Seite getrieben, und hat eine zusammengesetzte Bewegung, deren Richtung von der Richtung des Kiels verschieden ist. Das Log folgt der Richtung des Stroms, und bleibt mehr oder weniger hinter dem Schiffe zurück, als es in einem ruhigen Wasser thun würde. Um dem Log mehr Standhaftigkeit zu verschaffen, ist vorgeschlagen, mit demselben einen Körper von einer großen Oberfläche, als zwey rechtwinklicht zusammengefügte blecherne Platten an einem Tau von 50 bis 60 Fuß Länge zu verbinden. Das Log wird auf Kriegsschiffen gewöhnlich alle Stunden gebraucht; auf Kauffahrteyschiffen alle zwey Stunden.

214. Die Abweichung der Richtung des Laufes von der Richtung des Kiels, die **Abdrift** (franz. derive, engl. leeway), wird auch durch einen schief in die Segel stoßenden Wind verursacht. Daher muß man die Angabe des Compasses, welche bloß auf die Richtung des Kiels geht, zu verbessern suchen.

215. Die Höhen der Himmelskörper auf der Erde zu messen, nimmt man einen beschwerten Faden zu

zu Hülfe, welcher auf dem Instrumente den Bogen zwischen dem Zenith und der Gesichtslinie nach dem Gestirne hin abschneidet. Allein auf der See kann man, wegen des Schwankens des Schiffes, dieses Hülfsmittel durchaus nicht gebrauchen. Ehemahls bediente man sich des Jakobsstabes oder Gradstockes, der aus zwey senkrecht gegen einander gestellten Hölzern besteht, wovon das eine sich über dem andern verschieben läßt. Jetzt sind zwey von Engländern erfundene Werkzeuge gebräuchlich; der englische Schiffsquadrant und der hadleyische Reflexionsoctant.

216. Der englische Schiffsquadrant ist ein Viertelkreis, der aus zwey Bogen von ungleichen Halbmessern zusammengesetzt ist, um das Instrument leichter zu machen. Der Bogen FG (Fig. 33.) pflegt 60 Grad, der andere ED 30 Grad zu enthalten. Auf dem Bogen FG läßt sich eine Diopter B verschieben, in welche ein convexes Glas gefaßt ist, wodurch das Bild der Sonne auf eine bestimmte Stelle auf der Diopter bey C, in dem Mittelpuncte beider Bogen, fällt. Die Diopter B stellt man auf einen gewissen Grad, nach Maaßgabe der Höhe der Sonne. Die gleichfalls bewegliche Diopter A auf dem Bogen DE verschiebt der Beobachter, das Instrument senkrecht haltend, so lange, bis er den Horizont durch einen Einschnitt in der Diopter C nach der Richtung AH erblickt. Die Summe der Bogen AE und FB giebt die Höhe der Sonne über dem Horizont. Auf dem Bogen DE sind die Grade durch Transversalen in kleinere Theile getheilt, oder es ist an der Diopter A ein Nonius (Geom. 245.) angebracht. Der kleinere Bogen FG ist nur in Grade getheilt.

217. Noch vorzüglicher ist der Hadleyische Reflexionsoctant. Der Bogen AB (Fig. 34.) enthält nur

nur 45 Grade, ist aber in 90 Theile getheilt, und thut die Dienste eines Quadranten. Um den Mittelpunct C ist die Regel CD beweglich, auf deren Kopfe E ein Spiegel FG befestigt ist. Auf diesen fällt von der Sonne oder einem andern Gestirne der Strahl SC, wird von da nach einem kleinern Spiegel I zurückgeworfen, und geht von diesem nach der Richtung HIO durch ein an dem Instrumente bey O befestigtes Fernrohr in das Auge des Beobachters. Von dem Spiegel I ist nur die dem Instrumente zunächst liegende Hälfte mit Quecksilber belegt, die andere von dem Instrumente entferntere Hälfte ist frey gelassen, damit der Beobachter zugleich nach dem Horizonte durch den unbelegten Theil visiren könne. Das Werkzeug wird, in einer senkrechten Lage, immer so gehalten, daß der Horizont durch die unbelegte Hälfte des Spiegels erscheint. Die Spiegel sind beide so gestellt, daß ihre Ebenen parallel sind, wenn die Regel CD auf den ersten Theilungspunct A oder den Nullpunct fällt. Giebt man nun der Regel diese Lage, und visirt nach einem Objecte, so muß das Bild, welches man durch die Zurückwerfung sieht, mit dem Objecte selbst, das man durch den unbelegten Theil des Spiegels erblickt, gleich hoch neben demselben erscheinen. Geschähe es nicht, so müßte man die Lage des kleinen Spiegels ändern. Befände sich nun ein Gestirn im Horizonte, so würde man, wenn die Regel durch den Nullpunct geht, das Bild desselben durch die doppelte Zurückwerfung neben dem Horizonte erblicken. Ist das Gestirn S über dem Horizonte in irgend einer Höhe, so schiebt man CD so lange, bis das Bild von S auf dem Spiegel I in den Horizont fällt, und wenn es die Sonne ist, bis ihr oberer oder unterer Rand den Horizont berührt. Alsdann ist der Winkel ACD die halbe Höhe des Gestirns. Darum ist AB in 90 Theile getheilt, da-

M 2

mit

mit die Höhe dadurch unmittelbar angegeben werde. Der Grund, warum der Winkel ACD der halben Höhe des Gestirns gleich ist, liegt darin, daß der Winkel ICS sich doppelt soviel verändert, als die Lage des Spiegels FG gegen den unveränderlichen zurückgeworfenen Strahl CI *).

218. Der Horizont des Meers, dessen sich ein Schiffer bedienen muß, (die Kim in der Sprache der Schiffer) giebt nicht genau eine horizontale Linie. Wegen der Krümmung der Erde, und der Erhöhung des Beobachters über der Meeresfläche ist die Gesichtslinie an den Horizont eine die Kugel berührende Linie, welche sich unter den wahren Horizont senkt. Die Höhe des Gestirns wird daher um einige Minuten zu groß gefunden, welches sich berechnen und in eine Tafel bringen läßt. Übrigens muß die gefundene Höhe wegen der Strahlenbrechung verbessert werden. Bey der Sonne und dem Monde muß man ihre scheinbaren Halbmesser wissen, um sie zu der Höhe des untern Randes zu addiren, oder von der Höhe des obern abzuziehen.

219. Die **Charten**, deren sich die Seefahrer bedienen, sind entweder **platte** oder **reducirte**. Jene stellen

---

*) Man verlängere den einfallenden Strahl SC bis an die horizontale HO in K, und ziehe in C auf den Spiegel die senkrechte CH bis an jene horizontale. Es ist der W. SKH die Höhe des Gestirns, und SKH = SCI − CIK. Weil HC den Winkel SCI halbirt (Naturl. 491.), so ist SKH = 2 ICH − CIK. Die Lage von CH ändert sich eben so, wie die des Spiegels, daher die Veränderung der Höhe des Gestirns doppelt so groß ist, als die Veränderung der Lage des Spiegels. — Zieht man auf den Spiegel I eine senkrechte, und mit dieser durch C eine parallele, so ist der Winkel der letztern mit CH dem Winkel der Spiegel gleich, und die Hälfte von SKH.

stellen ein Stück der Erdfläche als eben vor, und können nur bey kleinen Gegenden, als einer Bay oder einem kleinen Theile einer Küste, gebraucht werden. Die reducirten (205.), oder wie sie der deutsche Schiffer nennt, die **runden Charten**, sind zur See einzig allgemein brauchbar. Auf einer Seecharte werden von den Ländern nur die Küsten, die Häfen, die Mündungen der Flüsse, gezeichnet, außerdem aber alles, was auf dem Meere dem Schiffer zu wissen nothwendig ist, als Inseln, Klippen, Sandbänke, Meerströme, Wassertiefen u. dgl. An mehreren Stellen werden die 32 Striche des Compasses aufgetragen, damit der Schiffer, wenn er von irgend einem Orte aus eine Linie zieht, die er zu befolgen gedenkt, durch eine Parallele mit derselben an die nächste Windrose, leicht den Strich erfahre, nach dem er sein Schiff zu richten hat, oder auch, daß er den zurückgelegten Weg bequem auf die Charte tragen könne, wenn er den gehaltenen Curs weiß. Die graphischen Operationen auf der Charte nennt der Schiffer: **Besteck setzen**.

220. Ein Schiff hält, zwar gewöhnlich nicht während der ganzen Reise, aber doch durch beträchtliche Theile des Weges denselben Curs, so daß sein Weg, wenn er nicht ein Bogen eines Meridians selbst ist, alle Meridiane unter demselben Winkel schneidet, und sowohl auf der Kugel als auf jeder Vorstellung derselben eine krumme Linie von besonderer Natur ist, außer auf den reducirten Charten, wo er durch eine gerade Linie vorgestellt wird. Der Weg eines Schiffes, das denselben Curs hält, heißt die **loxodromische Linie (die schieflaufende)**, deren Berechnung dem Seefahrer sehr nöthig ist, weswegen man auch **loxodromische oder Strichtafeln** berechnet hat, welche für die acht Striche eines Qua-

dranten auf dem Compaſſe für jede Meile des Weges vom Äquator an die dazu gehörige Länge und Breite angeben. Der Schiffer kann alſo aus dem Curs, den er gehalten, und dem Wege, wenn er die Länge und Breite des einen Endpunctes weiß, den Unterſchied der Länge und Breite des andern Endpunctes finden. Nothwendig iſt dem Schiffer die Tafel der **Meridionaltheile**, in welcher die vergrößerte Länge der Breitenkreiſe vom Äquator an, wie ſie in den reducirten Charten aufgetragen werden, angegeben iſt. Mit dieſer Tafel mag er allenfalls die Strichtafel entbehren. Hier iſt ein kleiner Auszug aus einer ſolchen Tafel.

Breite auf der Kugel.	Meridionaltheile.	Breite auf der Kugel.	Meridionaltheile.
600 Min.	603,1	3600 Min.	4527,4
1200	1225,1	4200	5966,0
1800	1888,4	4800	8375,5
2400	2622,7	5399	30375,0
3000	3474,5		

221. Geſetzt nun, es wiſſe ein Schiffer den zurückgelegten Weg und den Curs, ſo kann er von dem zuletzt auf der Charte bemerkten Orte ſeines Schiffes die Richtung des Weges nach dem Curs zeichnen, und die Länge deſſelben nach der Größe der Meridiangrade zwiſchen den Parallelen der Breite, wo er ſich befindet, auftragen. Dadurch erfährt er, wie viel er Länge und Breite verändert hat. Dieſe Verzeichnung ſeines Weges muß er ſo oft, als es nur immer thunlich iſt, vornehmen. Noch genauer läßt ſich dieſes nach (220.) berechnen. Der Winkel, den die Richtung des Schiffes mit dem Meridian, nach der Angabe des Compaſſes macht, heißt der **geſegelte** oder **angelegene Curs**; der wegen der Abweichung der Magnetnadel und

und der Abdrift verbesserte wahre Winkel, so wie er in der Schiffsrechnung gebraucht, oder auf der Charte abgesetzt wird, heißt der **behaltene Curs.** Der Schiffer muß den Punct seiner Abfahrt nicht allein genau bemerken, sondern kurz vorher, ehe er die Küste verliert, wo möglich, die Lage zweyer auf der Charte bemerkten Örter mit dem Peilcompasse aufnehmen, den beobachteten Strich auf der Charte durch jeden Ort ziehen, so giebt der Durchschnitt beider Striche die Stelle an, wo sich das Schiff noch zur Zeit der Beobachtung befand. Er mag aber auch, wenn er im Schätzen geübt ist, bloß nur die Richtung eines Puncts auf der Charte peilen, und die Entfernung nach dem Augenmaaße schätzen. Jenes Verfahren heißt: **den Punct der Abfahrt durch eine Kreuzpeilung festlegen;** das andere nennt man eine **einfache Peilung.** Solche Beobachtungen wird er bey jeder bekannten Küste vornehmen, um seine Angaben dadurch zu verbessern.

222. Dieses Verfahren, den Ort des Schiffes durch Schätzung der Länge des Weges und der Richtung zu bestimmen, heißt die **Schiffsrechnung** (Gissing bey den holländischen und deutschen Schiffern; franz. estime; engl. the dead reckoning). Sie besteht in der Auflösung des rechtwinklichten Dreyecks, welches der Weg des Schiffes, die Veränderung der Breite und die Veränderung der Länge auf einem Parallelkreise mit einander machen, von welchen Seiten die beiden letztern den rechten Winkel einschließen, die erste aber die zweyte unter einem spitzen Winkel schneidet, welcher der Curs ist. Zwey von diesen Stücken (außer dem rechten Winkel) sind gewöhnlich gegeben; am öftersten Curs und Weg, oder Curs und Veränderung der Breite, auch wol Weg und Veränderung der Breite. Die beiden verschiedenen Arten

dieses Dreyeck darzustellen, eine auf der platten Char=
te, die andere auf der runden oder reducirten, geben
zwey Hauptabtheilungen der Steuermannskunst, das
Segeln nach der platten, und das nach der
runden Charte. Zwischen beiden hält das Se=
geln nach der Mittelbreite die Mitte, wenn
bey der Auflösung des obigen Dreyecks dasjenige Ver=
hältniß der Grade der Länge zu den Graden der Breite
zum Grunde gelegt wird, welches in dem Mittelpuncte
der Veränderung der Breite Statt findet. In der
Planschifffahrt rechnet man den Unterschied der Länge
nicht nach Graden, sondern nach Meilen, und nennet
denselben schlechtweg die Abweichung. Für die
Auflösung des vorher beschriebenen Dreyecks auf den
Plancharten hat der Schiffer eigene Tafeln.

223. Die Schiffsrechnung bleibt aber immer unsi=
cher. Darum muß der Seefahrer, so oft er kann, die
Länge und Breite seines Orts durch astronomische Beob=
achtungen zu erfahren suchen. Die Breite macht
nicht viele Schwierigkeit, besonders wenn man die
Höhe der Sonne zu Mittage oder die Höhe eines
Sterns im Durchgange durch den Meridian zu beob=
achten Gelegenheit hat. Denn da man ihre Declina=
tion leicht wissen kann, die der Sonne nämlich aus ei=
nem astronomischen Kalender oder aus Ephemeriden,
und die der Sterne aus den Sternverzeichnissen, so
giebt der Unterschied oder die Summe der Höhe und der
Declination die Höhe des Äquators, deren Complement
die Polhöhe oder Breite des Orts ist (10.). Die Zeit,
da das Gestirn im Meridiane ist, erfährt man hiezu hin=
länglich genau mittelst des Compasses. Ein kleiner
Fehler in der Zeit ist nicht schädlich, weil das Gestirn
nahe bey dem Meridiane seine Höhe wenig ändert.
Man fängt die Beobachtung etwas vor der Zeit an,
ehe

ehe der Himmelskörper in den Meridian kommt, und setzt sie so lange fort, bis man sicher ist, daß die Höhe wieder abnimmt. Bey einer Beobachtung der Sonne muß man ohngefähr die Länge seines Orts wissen, damit man die Declination der Sonne zur Zeit der Beobachtung habe, welche in den Ephemeriden nur für den Mittag des Orts gilt, für den sie berechnet sind, und daher unter einem andern Meridiane eine kleine Verbesserung, der Zwischenzeit der Mittage gemäß, nöthig hat. — Kann man keinen Durchgang der Sonne oder eines Sterns durch den Meridian beobachten, so läßt sich doch aus drey Höhen außer der Meridianfläche, aber in der Nähe derselben, und den Zwischenzeiten der Beobachtung die Meridianhöhe herleiten, am leichtesten, wenn die Zwischenzeiten gleich sind *).

224. Die wahre Zeit (168.) muß dem Beobachter zur See, besonders zur Erforschung der Länge, möglichst genau bekannt seyn. Ein Mittel ist, die Zeit des Aufganges oder Unterganges der Sonne zu beobachten, welche man aus der bekannten Breite des Orts auch berechnen, oder mittelst berechneter Tafeln wissen kann. Der Unterschied der berechneten und beobachteten Zeit ist die Abweichung der Uhr. Die Strahlenbrechung kann hier aber einige Unrichtigkeit verursachen. — Zuverlässiger ist es, aus der Breite des Ortes, der Abweichung der Sonne und ihrer Höhe die Entfernung derselben vom Meridian oder den Stundenwinkel zu berechnen, und diesen mit der Zeit der Uhr zu vergleichen. Ist die Breite nicht zuverlässig bekannt, so beobachtet man zwey Höhen der Sonne,

und

---

*) S. Traité de navigation par M. Bouguer et de la Caille. p. 204. Die Regel ist daselbst ohne Noth sehr weitläufig abgefaßt.

und sucht aus diesen, der Zwischenzeit der Beobachtungen, der Abweichung der Sonne und der gemuthmaßten Breite die Zeit der Beobachtungen, und ferner die mittägliche Höhe der Sonne, welche letztere, unter den gehörigen Umständen, sehr nahe gefunden wird, so daß aus ihr die Breite, und daraus wieder die Zeit berichtigt werden kann. Gebraucht man einen Stern, so giebt der Stundenwinkel, wegen des bekannten Unterschiedes der Rectascensionen des Sterns und der Sonne, auch den Stundenwinkel der letztern. Man kann nur bey Nacht den Horizont nicht genau genug wahrnehmen, und bleibt daher wegen der Höhe eines Sterns 2 bis 3 Min. ungewiß.

225. Das wichtigste und schwerste ist die Erforschung der Länge zur See. Das englische Parlament setzte im Jahr 1714 eine Belohnung von 20000 Pfund Sterling auf eine sichere Methode, die Länge zur See bis auf einen halben Grad zu bestimmen. Die Länge zur See ist wie auf dem Lande der Winkel, welchen der Meridian des Schiffes mit einem gewissen Meridiane, es sey dem von Ferro oder Greenwich, London, Paris, oder sonst einem bekannten, macht. Die Methoden, welche man auf dem Lande gebraucht, haben zur See viele Schwierigkeiten. Auf eine Monds- oder Sonnenfinsterniß kann man nicht warten; die letztere würde auch dem größten Theile der Seefahrer zu viele Schwierigkeiten machen. Bedeckungen der Sterne sind auch nicht häufig genug, und erfordern eben so beschwerliche Rechnungen als die Sonnenfinsternisse. Die Verfinsterungen der Jupiterstrabanten sind zwar häufig genug, wenn Jupiter nur nicht nahe bey der Sonne steht; auch ist die Berechnung der Länge aus den Beobachtungen sehr leicht, weil man nur die in den Ephemeriden angegebene Zeit des Eintritts

oder

oder Austritts mit der beobachteten vergleichen darf; aber das Schwanken des Schiffs macht die Beobachtung sehr beschwerlich, wiewohl nunmehr die kürzern Dollondischen Fernröhre die Beobachtung sehr erleichtern. Das bequemste Mittel für einen Seefahrer wäre eine Uhr, die aller mannigfaltigen Ursachen, wodurch der Gang einer gewöhnlichen Uhr auf Seereisen verändert wird, ungeachtet, einen gleichförmigen Gang behielte. Der Unterschied der Zeit des Mittags auf dem Schiffe und der Zeit nach der Uhr giebt unmittelbar den Unterschied der Länge des Ortes, für welchen die Uhr gestellt ist, und desjenigen, wo sich das Schiff befindet. Eine solche Uhr wollte Harrison in England erfunden haben, und die ersten Proben damit fielen so glücklich aus, daß er wirklich die Hälfte von der ausgesetzten Belohnung erhielt; allein fernere Proben sollen gezeigt haben, daß sie die Länge doch bis auf einen ganzen Grad unbestimmt ließ. Seitdem haben mehrere englische Künstler mit einander in der Verfertigung genauer Seeuhren gewetteifert. Insbesondere wird eine Seeuhr (Time-keeper) von Mudge als das einzige Kunststück in seiner Art von Kennern gerühmt. Es werden auch Taschenuhren (Chronometer) verfertigt, vorzüglich von Emery und Arnold, die einen so gleichförmigen Gang haben, daß sie auf der See, und auch auf dem Lande, zur Bestimmung der Länge sehr brauchbar sind *). Die Uhren zweyer französischen Künstler, Berthoud und le Roy, haben auf Seereisen sehr gut die Probe bestanden. Ein Uhrmacher zu Rendsburg, Armand, hat Seeuhren verfertigt, die die Meereslänge bis auf einen halben Grad angeben.

226.
*) Ein Taschen-Chronometer von Arnold, in goldnem Gehäuse, kostet etwa 120 Pf. Sterling; eine sehr genaue Secunden-Taschenuhr, zum astronomischen Gebrauche, in silbernem Gehäuse, 25 Guineen.

226. Es ist inzwischen mißlich, die Wohlfahrt eines ganzen Schiffes von einer wandelbaren Maschine abhängen zu lassen. Darum bleiben astronomische Beobachtungen immer das sicherste Mittel, die Länge zur See zu bestimmen. Vorzüglich gebraucht man jetzt Beobachtungen des Mondes, die man ehedem nicht so nützen konnte, als die Bewegung desselben noch nicht hinlänglich bekannt war. Seitdem aber Mayer *) seine vortrefflichen Mondstafeln geliefert hat, ist die Methode, die Länge zur See vermittelst des Mondes zu finden, immer mehr vervollkommnet worden. Ein Astronom, der mit Cook die Welt umfahren hat, versichert, daß durch sie die Länge innerhalb eines Sechstheils oder höchstens eines Fünftheils eines Grades sich finden lasse, und daß jetzt die Rechnung von einem mäßigen Rechner innerhalb einer Viertelstunde vollendet werden könne, da sonst der geübteste nicht unter drey bis vier Stunden damit fertig werden konnte. Sollte auch mancher Schiffer diese Genauigkeit nicht erreichen können, so ist dieses in gewöhnlichen Fällen nicht nachtheilig, wenn nur der mögliche Fehler noch innerhalb des ihm übersehbaren Stückes der Erdfläche fällt. Zur Bestimmung der Lage der Küsten und Inseln wird die möglichste Genauigkeit erfordert.

227. Die zu diesem Geschäffte nöthigen Rechnungen werden größtentheils vorher gemacht, und dem Seefahrer mitgetheilt. In dem Schiffskalender, der jetzt jährlich zu London herauskömmt, ist für jeden Tag der wahre Abstand des Mittelpuncts des Mondes von der Sonne oder einigen der hellsten Fixsterne von 3 zu 3 Stunden nach dem Greenwicher Meridian ange-

---

*) Mayer war Professor in Göttingen. Seine Erben bekamen 3000 Pf. Sterling für die Mondstafeln, wiewohl sie eben so gut 10000 Pfund verdient haben möchten, als Harrisons Uhr.

gegeben. Dergleichen Kalender kommen auch an andern Orten heraus. Nun beobachtet man auf der See, nachdem die Uhr möglichst genau nach dem wahren Mittage des Schiffes gestellt ist, die Entfernung des Mondes von der Sonne oder demjenigen Fixsterne, der in dem Kalender für den Tag der Beobachtung angegeben ist, und läßt, wenn man zwey erfahrne Gehülfen hat, diese in demselben Augenblicke die Höhe des Mondes und des Sternes nehmen. Es stelle nämlich (Fig. 35.) HZO die Hälfte eines Meridians vor, in welchem Z das Zenith, P der Pol, HO der Horizont ist. In L sey der Mond, in S zu gleicher Zeit die Sonne oder ein Stern *). Man mißt vermittelst eines Reflexionsoctanten den Bogen LS, oder den scheinbaren Abstand des Mondes von der Sonne oder dem Sterne; und zugleich die Höhen LM, SN. Hierauf berechnet man in dem sphärischen Dreyecke ZLS, aus den Seiten ZL, ZS, als den Complementen der Höhen, und aus LS den Winkel LZS. Der Mond wird durch die Parallaxe beträchtlich erniedrigt, und durch die Refraction, so wie auch der Stern etwas, oft nur sehr wenig erhöht. Der wahre Ort des Mondes sey l, der Sonne oder des Sternes s; die Veränderung des Orts wegen der Parallaxe und Refraction läßt sich berechnen, auch in Tafeln darstellen, folglich kann man Zl und Zs leicht berechnen, und darauf aus diesen Seiten mit dem unveränderten Winkel LZs die wahre Entfernung ls des Mondes von dem Sterne finden. Trifft diese mit einer von denen im Schiffskalender angegebenen überein, so ist die Zeit der Beobachtung genau die in dem Kalender dabey angegebene, diejenige nämlich, zu welcher ein Beobachter in dem Mittelpuncte der Erde den Mond eben so

weit

---

*) Die Entfernung des Mondes von dem Sterne oder der Sonne ist in der Figur zu klein gemacht. Man nimmt sie fast nie unter 20 Gr., zuweilen über 100 Gr.

weit von dem Sterne oder an derselben Stelle am Himmel sehen würde, die Zeit von dem Mittage zu Greenwich an gerechnet. Nun vergleicht man mit dieser Zeit die Zeit seit Mittage auf dem Schiffe. Diese sey 2 Stunden 40 Min. zurück, so ist dieses ein Beweis, daß man 40 Grad westwärts von Greenwich ist, 15 Grad für eine Stunde gerechnet (93.). — Trifft der Abstand des Mondes nicht genau mit einem der angegebenen überein, so sucht man nach Verhältniß der Bewegung des Mondes in 3 Stunden die Zeit, zu welcher nach der Greenwicher Uhr der Mond den beobachteten Abstand haben sollte. Hat man keinen Gehülfen, so beobachtet man zuerst die Höhe des Sterns, gleich darauf den Abstand des Mondes, und unmittelbar nach diesem die Höhe des Mondes. Die beobachteten Höhen sind zwar nicht genau dieselben zur Zeit der Beobachtung des Abstandes, lassen sich aber durch Berechnung eines sphärischen Dreyeckes, wie ZPS, oder durch Beobachtungen mehrerer Höhen, auf die hier nöthigen reduciren. — Der Schiffskalender vertritt also die Stelle eines Astronomen, der in Greenwich zu gleicher Zeit mit dem Seefahrenden eine Beobachtung des Mondes machte, und sie ihm unmittelbar mittheilte. Für den ungelehrten Schiffer sind ausführliche Tafeln berechnet, worin er die Verbesserungen wegen der Parallaxe und Refraction nur aufzuschlagen braucht. Man hat ihm auch Kupferstiche geliefert, auf welchen er das mißt, was die Rechnung geben würde.

228. Ist nun solchergestalt die Breite und Länge bekannt, so kann man den Ort des Schiffes auf der Charte genau angeben, die Schiffsrechnung damit vergleichen, die Beschaffenheit und Größe der Ursachen, welche die Schätzung unrichtig gemacht hatten, untersuchen,

suchen, für das künftige daraus Regeln und Anmerkungen ziehen, und den fernern Lauf des Schiffes bestimmen.

229. Ein Schiffer muß außer den eigentlichen astronomischen Kenntnissen und Geschicklichkeiten noch manche andere besitzen. Er muß im Stande seyn, eine Küste aufzunehmen, es sey vom Lande oder von der See aus; er muß sowohl ein guter Zeichner geometrischer Constructionen als Rechner seyn, um durch beides sich zu helfen und vor Fehlern zu verwahren; er wird die Beschaffenheit der Ebbe und Fluth kennen müssen, auch die Ströme und Winde gewisser Gegenden der See, desgleichen die Beschaffenheit der Ufer, oft auch des Grundes der See. Er wird die beste Art des Weges zu wählen verstehen müssen. Der gerade ist nicht immer der beste. Man könnte, wenn man einen gewissen Curs, welcher der Charte oder Rechnung nach zu dem Orte der Bestimmung führt, befolgen wollte, durch allerhand Ursachen sehr weit vom Ziele abgebracht werden. Darum ist es oft besser, daß man seinen Weg gerade Süd= oder Nordwärts nimmt, um auf den Parallelkreis des Ortes, den man erreichen will, zu kommen, und von da gerade auf den Ort zu segeln. Man sucht sich auch die beständigen Winde zu nutze zu machen. Will man z. B. von Europa nach den westindischen Inseln, so sucht man sobald als möglich in die heiße Zone zu kommen, weil daselbst ein beständiger Ostwind wehet.

III. Die mathematische Chronologie.

230. Die mathematische Chronologie beschäfftigt sich mit der Eintheilung der Zeiten, dem Laufe der Sonne und des Mondes gemäß; lehrt die Einrichtung des Kalenders; untersucht die astronomischen Cyklen und

und Perioden; bestimmt die Epochen oder Anfänge der Jahrrechnungen bey verschiedenen Völkern; und giebt der historischen Chronologie die nöthigen Grundkenntnisse und Data zu ihren Untersuchungen. — Zu unserm jetzigen Gebrauche könnte sie sehr kurz und bequem seyn. So aber ist sie ein altes gothisches Gebäude, das wir nicht niederreißen dürfen, weil es ein allgemeines Fideicommiß ist, wenn wir auch gleich es weit bequemer und schöner wieder aufbauen könnten.

231. Ein bürgerlicher Tag ist bey uns die Zeit von Mitternacht zu Mitternacht, wobey wir uns aber, und mit Recht, mehr nach einer gleichförmig gehenden Uhr oder der mittlern Sonnenzeit, als nach der wahren zu richten pflegen. Einige Völker fangen ihren Tag mit Aufgang der Sonne, andere mit Untergang der Sonne an, weil dieses sinnliche Begebenheiten sind, die Zeit der Mitternacht aber nicht. Die Astronomen fangen den Tag mit Mittag an.

232. Die Zeit eines Tages ist von jeher fast durchgehends in 24 gewöhnlich gleiche Theile oder Stunden eingetheilt. Die Juden geben sowohl dem natürlichen Tage, vom Aufgange der Sonne bis zu ihrem Untergange, als der Nacht 12 gleiche Stunden, die also nach der verschiedenen Länge der Tage und Nacht veränderlich sind. Die Italiener zählen vom Untergange der Sonne 24 Stunden in ununterbrochener Reihe fort. Von der sonderbaren Art die Stunden zu zählen, welche in Nürnberg und einigen andern fränkischen Reichsstädten neben der gemeinen Art üblich ist, giebt Hr. Nicolai in seiner Reisebeschreibung Th. 1. S. 242. und Beylagen S. 107. ff. Nachricht. — Daß eine Stunde 60 Minuten, eine Minute 60 Secunden, eine Secunde 60 Tertien enthält, wird jedem bekannt seyn.

233.

Die Chronologie.

233. Eine Zeit von 7 Tagen hat fast bey allen Völkern, selbst bey den Peruanern, einen besondern Abschnitt, eine **Woche** ausgemacht, vermuthlich weil der Mond, welcher den ältesten Völkern zur Eintheilung ihrer Zeiten diente, von sieben zu sieben Tagen seine Lichtgestalt ändert. Die Zeit von einem Neumonde zum andern ist etwas kleiner, als der zwölfte Theil eines jährlichen Sonnenumlaufes am Himmel, welches die Eintheilung des Jahrs in 12 Monate veranlaßt hat. Die Griechen theilten den Monat in drey Zehende; die Römer rechneten 8 Tage auf eine Woche.

234. Der mittlere synodische **Monat** ist nach astronomischer Rechnung 29 T. 12 St. 44′ 3″ lang (49.). Unsere bürgerlichen oder Kalender-Monate haben mit dem Mondslaufe nichts zu thun, sondern sind Abschnitte des Jahrs, theils von 30, theils von 31 Tagen, einer nur von 28 oder 29 Tagen. Einige Völker rechnen nach **Mondenmonaten**, die ihren Anfang mit dem neuen Lichte nehmen, es sey nun, daß dieses durch Rechnung oder durch die Erblickung des Neumondes bestimmt wird. Die alten Völker haben wol alle nach Mondenmonaten gerechnet, die sie anfangs zu 30 Tagen, hernach abwechselnd zu 30 und 29 Tagen, angenommen haben. Der astronomische Sonnenmonat ist die Zeit, welche die Sonne in jedem der 12 himmlischen Zeichen zubringt.

235. Die **Form des Jahrs** ist von jeher immer sehr mannigfaltig gewesen. Man kann sie bequem in drey Hauptarten bringen. Die erste ist ein verbundenes Monden- und Sonnenjahr; die zweyte ein freyes Mondenjahr; die dritte ein freyes Sonnenjahr.

236. Diejenigen Völker, bey welchen es mit zum Gottesdienste gehörte, daß ihre Feste und Feyerlichkeiten nicht allein auf denselben Tag des Monats, sondern auch in dieselbe Jahrszeit fielen, mußten den Sonnen- und Mondenlauf mit einander zu vereinigen suchen. In diesem Falle waren besonders die Griechen und Juden. Jene haben anfangs wie andere Völker den Monat zu 30 Tagen gerechnet. Als sie aber bald merken mußten, daß dieses zuviel war, machten sie den Monat abwechselnd 29 und 30 Tage groß. Ein Jahr von 12 solchen Monaten, das 354 Tage betrug, war merklich kleiner als ein Sonnenjahr. Darum schalteten sie zuerst alle 2 Jahre, darauf alle 4 Jahre einen Monat ein, in der Folge alle 8 Jahre 3 Monate, bis daß Meton, ein Athenienser, (433 Jahr vor Christi Geburt) eine Periode von 19 Jahren einführte, in welcher alle 3 oder 2 Jahre ein Monat zu 30 Tagen, überhaupt sieben eingeschoben wurden. Diese 19mahl 12 und 7 Mondenmonate enthalten astronomisch 6939 T. 16 St. 31′ 45″, da 19 Sonnenjahre 6939 T. 14 St. 27′ 12″ sind. Es entfernten sich daher erst nach 219 Jahren die Nachtgleichen und Sonnenstillstände um Einen Tag von ihrer Stelle. Die Jahre waren freylich sehr ungleich; sieben von 384 Tagen; die andern 12 theils von 354, theils von 355 Tagen. Denn die 19 Jahre von 12 abwechselnden Monaten zu 29 und 30 Tagen betragen mit den 7 eingeschalteten Monaten nur 6936 Tage. Es mußte daher von Zeit zu Zeit ein Monat um 1 Tag verlängert werden. Dieser Cyklus von 19 Jahren ward in Griechenland mit so großem Beyfalle aufgenommen, daß die Folge der Jahre und Monate mit goldenen Zifern eingegraben ward, daher die Zahl jedes Jahrs in diesem Cyklus noch jetzt die güldene Zahl genannt wird, z. B. das Jahr 1793

1793 ist das 8te in demselben, und die güldene Zahl 8.

237. Die Juden haben noch jetzt die griechische Form des Jahrs, aber mit rabbinischen Grübeleyen überladen. Sie bedienen sich schon seit langer Zeit einer cyklischen Rechnung. Vorher, zu den Zeiten ihrer Republik, bestimmten sie die Zeit des sichtbaren Neumondes, der von ihnen jedesmahl gefeyert ward, durch Beobachtung. Ihre Feste hiengen von diesem ersten Tage des Monats ab, waren aber auch an die Jahrszeiten gebunden. Der Anfang ihres bürgerlichen Jahrs geschieht mit einem Neumonde gewöhnlich im September, $5\frac{1}{2}$ Monate nach dem Osterfeste.

238. Die zweyte Form des Jahrs ist das *freye oder einfache Mondenjahr*, welches an das Sonnenjahr gar nicht gebunden ist, und aus 12 Mondenmonaten besteht, die zum Theil 354 Tage, zum Theil 355 Tage, ausmachen, wegen des Überschusses von 8 St. 48′ 36″ des astronomischen Mondenjahrs über das bürgerliche von 354 Tagen, welcher in 30 Jahren zu 11 Tagen und 18 Min. anwächst, daher gegen 19 Jahre von 354 Tagen, 11 Jahre von 355 Tagen fallen. Der Anfang dieses Jahrs geht in Absicht der Jahrszeiten allemahl um 11 oder 10 Tage zurück. Die Araber und Türken bedienen sich dieser Form noch gegenwärtig.

239. Die dritte Form ist das *freye Sonnenjahr*, welches sich an den Mondlauf nicht bindet. Von dieser Art war das zwar fehlerhafte alte ägyptische Jahr, welches 12 Monate von 30 Tagen und 5 am Ende zugesetzte Tage enthielt. Die Ägypter waren durch die jährliche Überschwemmung des Nils genöthigt, sich an den Lauf der Sonne in ihrer Zeitrechnung zu binden. Ihre frühen Beobachtungen

des Sonnenlaufs veranlaßten sie, sich ganz an denselben zu halten, und das Jahr so einzutheilen, wie sie den Thierkreis eintheilten. Sie scheinen den Überschuß des tropischen Jahrs über 365 Tage früh gekannt zu haben. Nach alt ägyptischer Art rechnet Moses in der Geschichte der Sündfluth die Monate zu 30 Tagen.

240. Das alte römische Jahr verdiente den Namen eines Jahrs gar nicht. Unter Romulus bestand es nur aus 10 Monaten oder 304 Tagen, weil die Römer damahls von der Zeitrechnung nichts mehr verstanden als jetzt die Huronen. Numa setzte das Jahr auf 355 Tage, die er in 12 Monate vertheilte. Weil es doch mit dem Laufe der Sonne übereinstimmen sollte, mußten oft mehrere Tage eingeschaltet werden, welches die Priester und Magistratspersonen nach ihrem Vortheile und Gutdünken thaten. Die in dem römischen Kalender eingeführte Art, die Tage der Monate zu zählen, ist die seltsamste, die man nur erdenken kann. Zu Cäsars Zeiten war das Jahr so in Unordnung gerathen, daß er, um 67 vergessene Tage wieder herbeyzubringen, und den Anfang auf den Winterstillstand zu setzen, ein Jahr von 445 Tagen machen mußte. Es geschah mit Zuziehung eines Alexandrinischen Mathematikers, daß er dem Jahre 365 Tage, aber wegen des Überschusses des astronomischen Jahrs jedem vierten Jahre 366 Tage gab, oder einen Schalttag im Februar zusetzte, daher ein solches Jahr ein Schaltjahr heißt. Die Tage wurden, wie in unserm Jahre, in 12 Monate vertheilt. Dieses ist die Form des neuen römischen oder des Julianischen Jahrs.

241. Aber dieses Jahr von $365\frac{1}{4}$ Tagen ist um $11'\,12''$ zu lang, welches in 128 Jahren einen Tag be-

beträgt. Am Ende des 16ten Jahrhunderts war der Unterschied auf 10 Tage angelaufen, von dem Nicänischen Concilium (A. 325) an zu rechnen, welches die Frühlingsnachtgleiche auf den 21. März festgesetzt haben soll. Der Papst Gregorius XIII. brachte die schon lange vergeblich versuchte Verbesserung des Kalenders im Jahr 1582 zu Stande, und verordnete, daß zwar jedes vierte Jahr ein Schaltjahr bleiben, hinfüro aber die Secularjahre, als 1700, 1800, 1900 gemeine werden, das 2000ste aber ein Schaltjahr bleiben, und so forthin nur das vierte Secularjahr ein Schaltjahr seyn sollte. Zugleich wurden 10 Tage aus dem Kalender herausgeworfen. Daher entsteht der Unterschied zwischen dem alten und dem neuen Stil, oder dem Julianischen und dem Gregorianischen Kalender. Bis 1700 war letzterer 10 Tage voraus; in diesem Jahrhunderte zählt er 11 Tage mehr, und wird im künftigen um 12 vorgerückt seyn.

242. Durch diese Einrichtung bleibt die Frühlingsnachtgleiche zwar nicht genau bey dem 21. März, sondern geht allmählig bis über einen Tag zurück (jetzt fällt sie auf den 20. März, im J. 1792 fiel sie schon auf den 19ten nach 10 Uhr Ab.), aber sie kann sich in vielen Jahrhunderten nicht merklich davon entfernen, weil die gemeinen Secularjahre sie wieder vorwärts bringen. Eine noch genauere Übereinstimmung des bürgerlichen Jahrs mit dem astronomischen würde die Zählung der Tage durch mehrere Jahre erschweren, ohne im bürgerlichen Leben von dem geringsten Nutzen zu seyn. Hätte man noch den Schalttag auf den letzten Tag im Jahre verlegt, und die Monate abwechselnd 30 und 31 Tage (den December eines gemeinen Jahrs ausgenommen) gemacht, so würde die Gregorianische Form des Jahrs alle mögliche Bequemlichkeit

keit mit einer sehr großen Genauigkeit vereinigt haben.

243. Aber die Bestimmung des Osterfestes, welches man von dem Mondslaufe auf gut jüdisch abhängig gemacht hat, verdirbt alles. In der alten christlichen Kirche wurde zum Andenken des Leidens Christi ein Osterlamm gegessen, von einigen mit den Juden am 14ten Tage des ersten Monden im Frühlinge, d. i. an dem nächsten Vollmonde nach dem Aquinoctium, von andern den nächst darauf folgenden Sonntag. Die nicänische Kirchenversammlung verordnete, daß man fernerhin nicht mit den Juden zugleich das Passah feyern sollte *), vermuthlich um die Fasten vor Ostern nicht unterbrechen zu lassen. Nachdem die Genießung des Osterlamms längst unterlassen war, glaubte man doch, Ostern, das Gedächtnißfest der Auferstehung Christi, an dem nächsten Sonntage nach dem ersten Vollmonde im Frühlinge feyern zu müssen, und setzte, wenn dieser Vollmond ein Sonntag ist, Ostern noch um 8 Tage weiter hinaus. Das ist der Grund unserer Osterrechnung, in welcher der nächste Sonntag auf den Vollmond nach dem 21. März zum Osterfeste genommen wird; darum müssen wir es uns gefallen lassen, daß ein wichtiger Abschnitt des Jahrs, zum Nachtheil mancher Geschäffte, den ganzen Zeitraum vom 22. März bis zum 25. April durchwandert. Die äußersten Gränzen erreicht es zwar nur selten. Von 1700 bis 1900 sind die Jahre 1761 und 1818 die einzigen, in welchen Ostern auf den 22. März fällt, und 1734 nebst 1886 die einzigen, in welchen es den 25. April gefeyert wird.

244. Zur Berechnung des Osterfestes muß man die güldene Zahl und den Wochentag eines jeden Monats-

---

*) Synodalbrief beym Mansi, Collect. Concil. T. II. p. 909.

Die Chronologie. 199

natstages in jedem Jahre wissen. Die güldene Zahl zu finden, addire man zu der gegebenen Jahrszahl 1, und dividire die Summe durch 19, so ist der Rest die güldene Zahl, oder 19 selbst, wenn die Division aufgeht. Z. E. für 1793 ist sie 8.

245. Den Wochentag irgend eines Datum zu finden, hat man den Sonnencyklus, oder vielmehr Sonntagscyklus, eingeführt, eine Periode von 28 Jahren, nach welcher dieselben Wochentage wieder auf denselben Monatstag fallen. Der erste Januar wird mit A, der zweyte mit B, der dritte mit C u. s. w. der 8te wieder mit A, und so immerfort im Kreise herum bezeichnet. Der Buchstab, welcher auf die Sonntage fällt, heißt der Sonntagsbuchstab dieses Jahrs. In einem Schaltjahre wird der Schalttag oder der 24. Febr. und der 23ste mit demselben Buchstaben bezeichnet. Daher hat ein Schaltjahr zwey Sonntagsbuchstaben, z. E. das Jahr 1792 hatte den Sonntagsbuchstaben A vor dem 24. Febr. und G nach diesem Tage. Die Buchstaben gehen zurück. So hat 1787 den Sonntagsbuchstaben G; 1788 hat F und E; 1789 hat D, u. s. w. Die Ursache ist, daß ein gemeines Jahr sich mit demselben Wochentage schließt, mit dem es angefangen hat.

246. Den Sonntagsbuchstaben in dem gegenwärtigen Jahrhunderte zu finden, dividire man die seit 1700 verflossene und um ihren vierten Theil, mit Weglassung des etwanigen Bruchs, vermehrte Anzahl Jahre durch 7, und ziehe den Rest, so wie es angeht, entweder von 3 oder von 10 ab, so ergiebt sich die Zahl des Sonntagsbuchstaben, wenn A als der erste, B als der zweyte u. s. w. angenommen wird. Z. B. für 1793 ist der Rest 4, welcher von 10 abgezogen 6 giebt, also den Sonntagsbuchstaben F.

In einem Schaltjahre kommt der gefundene Buchstab den Sonntagen nach dem 24. Febr. zu. In dem nächsten Jahrhunderte nimmt man anstatt der Zahlen 3 und 10 die Zahlen 5 und 12, und von der Jahrzahl den Überschuß über 1800. Der Grund dieser Rechnung liegt darin, daß 5 Buchstaben auf 4 Jahre fallen, und daß das gemeine Jahr 1700 den Sonntagsbuchstaben C hatte. Das gemeine Jahr 1800 hat E.

247. Die Buchstaben jedes ersten Monatstages und die laufende Zahl dieses Tages in einem gemeinen Jahre zeigt folgende Tafel:

1. Januar	a	1	1. Julius	g	182
1. Februar	d	32	1. August	c	213
1. März	d	60	1. Septbr.	f	244
1. April	g	91	1. Octobr.	a	274
1. May	b	121	1. Novbr.	d	305
1. Junius	e	152	1. Decbr.	f	335

In einem Schaltjahre wird von dem März an die Zahl der Tage um 1 vergrößert. Ein Schaltjahr ist dasjenige, dessen Zahl sich durch 4 ohne Rest dividiren läßt. Weiß man den Sontagsbuchstaben, so weiß man daher, was für ein Wochentag der erste Monatstag ist, daher es auch für jeden andern Tag des Monats. Aus eben der Tafel erfährt man auch ganz leicht die laufende Zahl eines jeden Monatstages.

248. In dem Julianischen Kalender waren die Tage, auf welche in jedem Jahre des Mondscyklus die Neumonde fallen, mit der güldenen Zahl desselben Jahrs, und alle mit ihren Buchstaben bezeichnet. Die güldene Zahl eines gegebenen Jahrs suchte man nach dem 8. März incluf. auf, setzte zu dem Tage, wo sie sich fand, 14 hinzu, so hatte man den Ostervollmond; von

von diesem zählte man fort, bis man den Sonntags=
buchstaben des Jahrs traf, so hatte man den Oster=
sonntag. Weil der Cyklus des Mondes nur 312
Jahre lang die Neumonde wieder auf dieselben Tage
zurückbringt, so war die Osterrechnung längst ganz
falsch geworden, und die christliche Kirche hatte das
Osterfest wider ihre Absicht ganz unrichtig gefeyert.
In dem Gregorianischen Kalender veränderte man die
ganze Berechnungsart, und suchte sie so einzurichten,
daß sie Jahrtausende dauern könnte. Die katholische
Kirche sah den Kalender als ihr Eigenthum an, wel=
ches sie den Astronomen ganz entziehen müßte, und
behandelte ihn wie eine Glaubensformel, damit auf
der ganzen Erde die Geistlichen einmüthig und mecha=
nischer Weise ihre Festtage daraus bestimmen könnten.

249. Anstatt der Zahlen des Mondscyklus nahm
man die Epakten (Zugaben) des Mondes. Diese
sind die Zahl der Tage, welche der Mond bey dem
Anfange eines neuen Jahrs alt ist. Z. B. ein Neu=
mond fällt auf den 1. Januar, so fällt nach 354 Ta=
gen, oder am 21. December, der 13te Neumond ein,
und am 1. Januar des zweyten Jahrs ist der Mond
11 Tage alt. Daher sind die Epakten dieses Jahrs XI.
Zählen wir 19 Tage weiter, so haben wir am 19ten
Januar den letzten Tag des Mondenmonats, und der
erste Neumond des zweyten Jahrs fällt auf den 20sten
Januar; der 12te und letzte auf den 10. December.
Daher ist mit dem dritten Jahre der Mond 22 Tage
alt, und die Epakten sind XXII. Der erste Neumond
fällt nach 8 Tagen, auf den 9. Januar, der 13te
und letzte auf den 29. December, so daß der Mond
mit dem 4ten Jahre 3 Tage alt ist, und die Epakten
III sind. So wachsen die Epakten jedes Jahrs um 11,
mit Wegnehmung der 30 als eines ganzen Monats,

wenn 13 Neumonde in ein Jahr fallen. Die folgende Tafel zeigt die Jahre des Mondscyklus, oder die güldene Zahl, die Epakten jedes Jahrs, und die Tage des Januars, auf welche die Neumonde in unserm und dem künftigen Jahrhunderte nach der cyklischen Rechnung gesetzt werden. Die Epakten und das Datum des ersten Neumondes machen jedesmahl die Summe 31, oder das Alter des Mondes zu Anfang des Jahrs, nebst den übrigen Tagen bis zum Neumonde die Zahl 30.

Jahre	Jan.	Epakten	Jahre	Jan.	Epakten
1	1	*	11	11	XX
2	20	XI	12	30	I
3	9	XXII	13	19	XII
4	28	III	14	8	XXIII
5	17	XIV	15	27	IV
6	6	XXV	16	16	XV
7	25	VI	17	5	XXVI
8	14	XVII	18	24	VII
9	3	XXVIII	19	13	XVIII
10	22	IX	20	1	*

Das * bedeutet so viel als 30 oder 0. Wenn man sich nämlich die Tage des Mondsalters im Kreise geschrieben vorstellt, so fängt bey 30 wieder ein neuer Mond an, so gut als wenn es 0 wäre. Die Neumonde im Januar findet man leicht, wenn man zu dem Tage, auf welchen er in einem Jahre fällt, entweder 354 Tage (12 Mondenmonate) oder 384 Tage (13 Mondenmonate) addirt, und 365 als ein ganzes Jahr wegwirft. Im 20sten Jahre fällt der Neumond darnach auf den 2ten Januar. Er wird aber alsdenn wieder auf den 1sten gesetzt, weil nach 19 Julianischen Jahren die Neumonde wieder auf dieselben Tage treffen.

fen. Denn ein synodischer Monat beträgt 29 T. 12 St. 44' 3", also sind

19 Mondenjahre zu 12 Monaten = =	6732 T.	23 St.	23' 24"
7 Schaltmonate = =	206	17	8 21
19 ergänzte Mondenj. =	6939	16	31 45
19 Julian. Jahre zu 365 T. 6 St. =	6939	18	0 0
Unterschied = =	0	1	28 15

250. Nun setzt man durch den ganzen Kalender die Reihe der Neumondstage für alle 19 Jahre des Mondscyklus fort, indem man abwechselnd 29 und 30 Tage für einen Monat nimmt, und den Schaltmonden 30 Tage giebt, den letzten am Ende der Periode ausgenommen. So weit ist es noch dasselbe Verfahren wie mit den güldenen Zahlen im Julianischen Kalender. Nur füllt man hier noch alle Tage mit den ausfallenden Epakten aus, damit man, wenn die Abweichung des Mondenlaufs von der Rechnung zu groß wird, eine andere Epaktenreihe, deren Zahlen um 1 größer oder kleiner sind, nehmen könne. Im gegenwärtigen und folgenden Jahrhunderte bleibt die Epaktenreihe die nämliche.

251. Hier ist dasjenige Stück des gregorianischen Calenders, welches zur Festrechnung gebraucht wird. Das übrige wird nie gebraucht. Es sind diejenigen Epakten ausgelassen, die nicht zu der obigen Reihe gehören.

März.

Die Chronologie.

März.			April.		
8.	d	XXIII	1.	g	
9.	e	XXII	2.	a	XXVIII
10.	f		3.	b	
11.	g	XX	4.	c	XXVI
12.	a		5.	d	XXV
13.	b	XVIII	6.	e	XXIII
14.	c	XVII	7.	f	XXII
15.	d		8.	g	
16.	e	XV	9.	a	XX
17.	f	XIV	10.	b	
18.	g		11.	c	XVIII
19.	a	XII	12.	d	XVII
20.	b	XI	13.	e	
21.	c		14.	f	XV
22.	d	IX	15.	g	XIV
23.	e		16.	a	
24.	f	VII	17.	b	XII
25.	g	VI	18.	c	XI
26.	a		19.	d	
27.	b	IV	20.	e	IX
28.	c	III	21.	f	
29.	d		22.	g	VII
30.	e	I	23.	a	VI
31.	f		24.	b	
			25.	c	IV

252. Das Osterfest zu berechnen, muß man zuerst die Epakten und den Sonntagsbuchstaben suchen. Jene werden aus der güldenen Zahl, nach der Tafel (249.) bestimmt. Übrigens verfährt man wie in dem Julianischen Kalender (248.). Z. B. für das Jahr 1793 ist die güldene Zahl 8, also die Epakten XVII; und der erste Neumond fällt auf den 14. Januar. Zählt man 59 Tage weiter, so kommt man auf

Die Chronologie.

auf den 14. März, bey welchem man die Epakten XVII beygezeichnet findet, den Tag des Neumondes, den wir hier gebrauchen. Der Ostervollmond fällt also auf den 28. März. Dieser Tag hat den Buchstaben c: der Sonntagsbuchstab des Jahrs ist f, also ist der 31. März der Ostersonntag.

Im Jahr 1794 ist die güldene Zahl 9, die Epakten sind XXVIII. Daher fällt der Neumond vor dem Ostervollmonde auf den 2. April, und der Vollmond auf den 16. April, dessen Buchstab a ist. Da der Sonntagsbuchstab des Jahrs e ist, so fällt Ostern erst auf den 20. April.

253. Die astronomischen Neumonde weichen von den cyklischen oder gregorianischen oft beträchtlich ab, wiewohl diese mit Vorsatz etwa einen Tag später hinausgesetzt sind, damit sich nicht das Unglück ereignen könne, daß die christlichen Ostern mit dem jüdischen Passah zusammentreffen. Z. E. im Jahr 1793 fällt der erste Neumond ein den 12. Jan. Morgens gegen 10 Uhr; nach dem Kalender erst den 14ten. Der Neumond des März fällt auf den 12ten gegen 7 Uhr Morgens; der Ostervollmond den 27sten um 4 Uhr 29 Abends.

Im Jahre 1794 fällt der Ostervollmond auf den 15. April um 11 Uhr Morgens. Im künftigen Jahrhunderte werden die cyklischen und astronomischen Vollmonde, wegen des im Jahr 1800 auszulassenden Schalttages, besser zusammentreffen.

254. **Die beweglichen Feste und Sonntage** hängen von Ostern auf folgende Art ab. Der Sonntag, welcher 9 Wochen vor Ostern einfällt, heißt Septuagesima; auf welchen bis Ostern die Sonntage Sexagesima u. s. w. folgen. Von dem 6ten Januar

nuar oder dem Feste Epiphanias werden bis zu Septuagesima die Sonntage mit der Zahl nach jenem Feste benennt. Nach Ostern folgen die Sonntage Quasimodogeniti u. s. w. bis Pfingsten, welches der 50ste Tag nach Ostern ist. Das Himmelfahrtsfest ist der 40ste. Der Sonntag nach Pfingsten ist das Fest Trinitatis, und von diesem werden die Sonntage bis zum ersten Adventsonntage gezählt, welcher immer zwischen dem 27sten Novembr. und 3ten December inclus. fällt. Die vier Quatember fallen auf die Mittwoche 1) nach Invocavit, 2) nach dem Pfingstfeste, 3) nach Kreuzerhöhung oder nach dem 14ten September, 4) nach Lucia oder nach dem 13ten December.

255. Die protestantischen Stände in Deutschland blieben bis A. 1700 bey dem alten julianischen Kalender. In diesem Jahre nahmen sie mit den protestantischen Helvetiern die gregorianische Form des Jahrs an, und warfen 11 Tage aus dem Jahre weg, aber anstatt der cyklischen Festrechnung wählten sie die astronomische nach Keplers rudolphinischen Tafeln. Dieser Kalender heißt der *Verbesserte*. Zweymahl, nämlich A. 1724 und 1744, war das protestantische Osterfest von dem katholischen um 8 Tage unterschieden. Seit 1777 haben die protestantischen Stände aus guten politischen Gründen den gregorianischen Kalender angenommen. Großbritannien nahm den neuen Kalender im Jahr 1752 an; Schweden im Jahr 1753. Dänemark hat im Jahr 1700 den verbesserten an die Stelle des im Jahr 1582 eingeführten gregorianischen gesetzt. Die griechische Kirche hat noch den julianischen. Ein Patriarch zu Constantinopel wollte den gregorianischen einführen; er wurde aber deswegen von seinem Metropolitan abgesetzt und ins Gefängniß gesteckt.

256.

Die Chronologie.

256. Man hat noch einen in Urkunden gebräuchlichen, übrigens unnützen Cyklus, der Römer Zinszahl oder Cyclus Indictionum genannt, eine Periode von 15 Jahren. Das Jahr 1782 beschloß einen Kreislauf, und 1783 war wieder ein erstes.

257. Aus der Multiplication der Zahlen 19. 28 und 15 entsteht eine große Periode von 7980 Jahren, die julianische Periode genannt. Sie ist wegen ihres großen Umfangs in der Geschichte brauchbar, um jeder Epoche darin ihre Stelle anzuweisen. Sie fängt 4713 Jahr vor der christlichen Zeitrechnung an. Daher ist das Jahr 1793 in der julianischen Periode das 6506te. Kein Jahr dieser Periode kommt mit einem andern in allen drey chronologischen Kennzeichen, nämlich der Zahl des Mondscyklus, des Sonnencyklus und der Indiction überein, so daß, wenn man von einem Jahre diese drey Charaktere weiß, die Zahl desselben bestimmt ist.

Die vornehmsten Epochen.

258. Eine Epoche nennt man den Zeitpunkt einer wichtigen Begebenheit, von welchem ein Volk seine Jahre zu zählen anfängt. So rechnet man in den christlichen Staaten die Jahre von der Geburt Christi an. Die Jahre der Begebenheiten vor dieser Epoche werden am bequemsten von derselben an rückwärts gezählt.

259. Die Juden zählen von Erschaffung der Welt, welche nach ihrer Rechnung in das 953ste der julianischen Periode, das ist, in das 3761ste vor C. G. fällt. Sie fangen den 7ten Sept. 1793 unserer Zeitrechnung das 5554ste der ihrigen an. Die Epoche der Erschaffung der Welt setzt der gelehrte Petav

Petav in das 730ſte Jahr der julianiſchen Periode oder 3983 Jahre vor C. G. Der P. Riccioli, ein berühmter Chronologe, giebt nach den griechiſchen Überſetzern des alten Teſtaments, welchen er folgt, 5634 Jahre, nach dem hebräiſchen Texte und der lateiniſchen Überſetzung 4184 Jahre an, beides nur nach wahrſcheinlichen Rechnungen.

260. Die Epoche der **Olympiaden**, deren ſich die Griechen bedienten, iſt das 3938ſte Jahr der julianiſchen Periode, oder fällt in das 776ſte Jahr vor Chriſti Geburt. Eine Olympiade iſt ein Zeitraum von 4 Jahren, und fängt im Julius an.

261. Die Epoche der Römer von **Erbauung Roms** fällt in das 3961ſte Jahr der julianiſchen Periode, oder das 753ſte Jahr vor Chriſti Geburt.

262. Die Epoche der **Hegira** (Hedsjera), oder der muhammedaniſchen Zeitrechnung, fällt in das Jahr 622 nach Chriſti Geburt, und fängt mit dem 16ten Julius an, als dem Tage, an welchem Muhammed aus Mekka nach Medina fliehen mußte. Die türkiſchen Jahre ſind freye Mondenjahre. Will man die Zahl derſelben finden, ſo zieht man 621 von der chriſtlichen Jahrzahl ab, theilt den Reſt durch 33, und ſetzt den Quotienten zu dem Reſte hinzu. Die Summe iſt entweder das laufende, oder zuweilen auch das nächſtfolgende Jahr der Hegira. Im Jahr 1780 zählten die Türken das J. 1194, und fiengen es mit unſerm 8ten Januar an; und ſchon am 27ſten December traten ſie in das Jahr 1195. Im Jahr 1793 fangen ſie das 1208te den 9. Auguſt an.

IV. Die

IV. Die Gnomonik.

263. Die Gnomonik lehret Uhren zeichnen, welche durch den Schatten der Sonne oder des Mondes die Stunde angeben, es sey auf einer ebenen oder krummen Fläche.

264. Die Sonne beschreibt nach ihrem täglichen scheinbaren Laufe um die Erdaxe in gleichen Zeiten gleiche Winkel. Wenn man daher eine ebene Fläche parallel mit dem Aquator stellt, und darauf eine Stange senkrecht aufrichtet, so folgt der Schatten der Bewegung der Sonne, und beschreibt in jeder Stunde einen Winkel von 15 Gr. um die Stange herum. Diese Art Sonnenuhren, welche man auch bey Mondenschein gebrauchen kann, heißt eine Aequinoctialuhr. Man zieht zuerst eine horizontale Linie senkrecht auf die Mittagslinie, und legt durch jene eine Ebene, welche sich in Süden um die Höhe des Aquators über den Horizont erhebt, beschreibt darauf einen Kreis, der in 24 gleiche Theile oder Stunden, und wenn man will, in Unterabtheilungen einer Stunde getheilt ist, bezeichnet den gerade nach Norden liegenden Theilungspunct durch 12, die nach Osten liegenden durch 1, 2, 3, u. s. w. die nach Westen liegenden durch 11, 10, 9, u. s. w. stellt durch den Mittelpunkt den Weiser senkrecht auf die Uhrfläche, so ist die Uhr fertig. Man pflegt tragbare Aquinoctialuhren zu haben, deren Fläche durch einen Gradbogen auf die Aquatorshöhe jedes Orts gestellt werden kann; mittelst einer Magnetnadel wird sie gehörig gegen die Weltgegenden gerichtet. So lange die Sonne diesseits des Aquators ist, wird die nordliche Seite beschienen; im Winter die südliche.

265. Außer dieser sind die gebräuchlichsten Sonnenuhren die horizontalen und verticalen. Jene sind

auf einer horizontalen Ebene, diese auf einer verticalen beschrieben. Die erstern haben darin einen Vorzug, daß sie, so lange es Tag ist, die Stunde weisen, welches die andern nur einen Theil des Tages thun. Der Weiser ist an ihnen, so wie an allen Uhren, wo er unbeweglich ist, der Erdaxe parallel, aber der Schatten beschreibt in gleichen Zeiten ungleiche Winkel.

266. Die Zeichnung einer Horizontaluhr ist leicht. Man ziehe (Fig. 36.) auf einer horizontalen Ebene die Mittagslinie CD; mache den Winkel DCL der Polhöhe des Ortes gleich; ziehe aus einem willkührlichen Puncte B von DC die senkrechte BA auf CL, und die unbestimmt lang gezogene FE senkrecht auf CD durch B; nehme BD gleich BA; beschreibe aus D mit dem Halbmesser BD einen Halbkreis GBH; theile diesen in 12 gleiche Theile; ziehe aus D durch die Theilungspuncte an die Linie FE die Linien D11, D10; D9, D8, D7; und D1, D2 etc. An die Durchschnittspuncte ziehe man aus C die Linien C11, C10, C9; C1, C2, C3 etc. und mit FE die Parallele 6C6, so sind dieses die Schattenlinien von 6 Uhr Morgens bis 6 Uhr Abends, und zwar die nach E liegenden die vormittäglichen, die nach F die nachmittäglichen. Die rückwärts nach 5 verlängerte C5 ist die Schattenlinie für 5 Uhr Morgens, die nach 4 verlängerte C4 für 4 Uhr, so wie die Verlängerungen auf der andern Seite die 7te und 8te Stunde Abends angeben. Der Weiser wird in C über CB unter dem Winkel BCL oder der Polhöhe aufgerichtet, so daß er der Erdaxe parallel ist. Oder man richte das Dreyeck BCL lothrecht über BC auf, so ist die Seite CL der Weiser. Statt der geraden Linie BL kann man auch eine beliebige krumme nehmen. Nur muß CL mit der Erdaxe parallel seyn, daher eine Horizontaluhr für einen Ort nicht

nicht für einen Ort von verschiedener Polhöhe dienen kann.

Dieses Verfahren gründet sich auf folgende Vorstellung. Man gedenke sich das Dreyeck CAB lothrecht über CB aufgerichtet, und breche die Figur nach
FE, so daß der jenseitige Theil horizontal bleibt, der
diesseitige aber mit der Linie BD auf BA falle. Alsdenn ist der letztere Theil eine dem Aquator parallele
Ebene, und CL ist der Weiser einer um D beschriebenen Aquinoctialuhr. Die Schattenlinien auf dieser
sind die DB, D1, D2, etc. Fällt nun längs einer
dieser Linien, als D8, um 8 Uhr Vormittags der
Schatten des Weisers auf der Aquinoctialebene, so
muß er auf der horizontalen nach C8 fallen. Der
Schatten geht nothwendig durch den Punct C, wo der
Weiser eingesteckt ist. Da nun ein anderer Punct
desselben auf der horizontalen Ebene in 8 fällt, wo die
Schattenlinie D8 sie trifft, so ist C8 die Schattenlinie
für 8 Uhr Morgens, und so mit den übrigen. Um
6 Uhr Morgens und Abends fällt der Schatten auf
der Aquinoctialuhr nach GDH, parallel mit EF, und
schneidet also die horizontale Ebene gar nicht. Daher
ist die Schattenlinie auf letzterer parallel mit EF, oder
die Linie 6C6. In den längern Tagen fällt des Morgens um 5 Uhr die Schattenlinie auf der Aquinoctialuhr längs der nach der rechten Hand hin verlängerten
D5, daher auf der Horizontaluhr auch längs der nach
der Rechten verlängerten C5, u. s. f.

267. Unter dem Aquator ist die Polhöhe null,
und der Weiser ist parallel mit der Horizontalfläche.
Anstatt eines Dreyecks wird dort ein Rechteck gebraucht, welches über der Mittagslinie lothrecht gestellt wird; die obere mit der Erdare parallele Seite
ist der Weiser. Eine solche Uhr heißt eine Polaruhr.

Man

Man nimmt alsdenn die Höhe des Rechtecks zu dem Halbmesser des Kreises GBH, theilt diesen wie vorher ein, zieht die Linien D11, D1 etc. aber statt der convergirenden Linien C11, C10 etc. zieht man parallele mit CB durch 11, 10 ꝛc.

268. Die Sonnenuhren pflegen häufig auf verticalstehenden Flächen, Mauern und Wänden angebracht zu werden. Der leichteste Fall ist, wenn die Ebene entweder über der Mittagslinie steht, oder sie senkrecht durchschneidet. In jenem Falle heißt die auf der Morgenseite verzeichnete Uhr eine Morgenuhr, die auf der Abendseite eine Abenduhr. In dem andern Falle ist die auf der Mittagsseite verzeichnete Uhr eine Mittagsuhr, die gegen Mitternacht gekehrte eine Mitternachtsuhr.

269. Eine Morgen = oder Abenduhr zu zeichnen, ziehe man auf der Fläche, wenn sie genau von Norden gegen Süden läuft, eine horizontale AB (Fig. 37.), darauf DE unter dem Winkel DEB, welcher der Höhe des Äquators gleich ist. Auf der Abendseite liegt sie, wie in der Figur, auf der Morgenseite nach der linken Hand hin. Auf ihr nimmt man den Punct C willkührlich, und beschreibt mit einem beliebigen Halbmesser CD einen Kreis, zieht durch C die senkrechte HCG auf ED, daß der Kreis dadurch in 4 Quadranten getheilt wird, ferner durch G und H die Parallelen GI, HK mit DE, und theilt den Quadranten FH in 6 gleiche Theile, zieht durch die Theilungspuncte die Linien C1, C2, C3, C4, C5, und durch die Durchschnittspuncte mit HK die Parallelen 1,1; 2,2, u. f. mit GH, als die Schattenlinien, und über GH, als die für 6 Uhr, die Linien 7, 7; 8, 8; in denselben Entfernungen wie 5, 5 und 4, 4.

Über

über GH wird senkrecht gegen die Ebene ein Rechteck aufgerichtet, dessen Höhe der Radius des Kreises CF ist, so dient die obere Seite zum Zeiger.

Eine Morgen- oder Abenduhr ist eine Polaruhr für denjenigen Ort auf dem Äquator, dessen Horizont mit der Mittagsfläche unsers Ortes parallel ist. Man stelle sich den Kreis FHDG gegen die Uhrfläche über HK senkrecht aufgerichtet vor, so ist die Ebene des Kreises parallel mit dem Äquator, und der Zeiger, der auf die Kreisfläche senkrecht ist, ist der Weltare parallel. Der Schatten geht am Ende jeder Stunde durch die Theilungspuncte des Kreises, wie auf einer Äquinoctial-Uhr, trifft also die Uhrfläche in den bemerkten Puncten auf HK. Die Schattenstriche auf der Uhrfläche sind parallel mit dem ihr parallelen Zeiger, und senkrecht auf die erweiterte Ebene des Kreises, wie der Zeiger, daher senkrecht auf HK. Der Ort auf dem Äquator zählt 6 Uhr Morgen, wenn es an unserm Orte Mittag ist, weil alsdann dort die Sonne aufgeht. Ist die Uhr auf der Morgenseite gezeichnet, so zählt der Ort auf dem Äquator 6 Uhr Abends, wenn unser Ort Mittag hat.

270. Die Ebene einer Mittagsuhr ist parallel mit dem Horizont eines Orts, dessen Polhöhe das Complement der Polhöhe des gegebenen Ortes zu 90 Graden ist. Denn da sie durch das Zenith geht, und auf den Meridian senkrecht steht, so ist für sie die Polhöhe die Entfernung des Ortes vom Pole. Die Zeichnung der Uhr geschieht also wie in (265.). Der Winkel BCA (Fig. 36.) wird dem Complement der Polhöhe gleich gemacht. Die Linie CB wird vertical. Der Weiser CA wird in der Mittagsfläche über CB un-

ter dem Winkel BCA befestigt. Auf einer Mittagsuhr ist er herunterwärts gerichtet, auf einer Mitternachtsuhr aufwärts. Auf jener muß man noch die Vormittags- und Nachmittagsstunden in Absicht auf eine Horizontaluhr verwechseln, jene links, diese rechts setzen. Sie enthält bloß die von 6 bis 6 Uhr. Die Mitternachtsuhr enthält nur die vom Aufgange der Sonne bis 6 Uhr, und die von 6 Uhr Abends bis zum Untergange, jene rechter Hand, diese zur linken.

271. Sehr oft wird die verticale Fläche, worauf die Uhr gezeichnet werden soll, von den vier Hauptgegenden abweichen. Die darauf gezeichneten Uhren heißen abweichende. Die Abweichung der Fläche erfährt man entweder durch Hülfe der Magnetnadel, oder durch den Schatten eines lothrechten Stabes zu Mittage, den man gegen die Fläche fallen läßt. Wenn die Fläche zu Mittage von der Sonne beschienen wird, so zeichne man zuerst (Fig. 38.) eine Horizontaluhr CFBE, wie (Fig. 36.) nach der Polhöhe des Ortes, durch deren Mittelpunct C, über der Mittagslinie CB der Weiser unter dem Winkel BCL, als der Polhöhe des Orts, aufgerichtet werden würde. Die verticale Ebene mache mit der Mittagsfläche den Winkel CBQ, oder mit der Linie FE, welche von Morgen nach Abend geht, den Winkel QBF. Sie schneidet nämlich die horizontale Ebene in der Linie PBQ. Auf diese Linie PBQ ziehe man die senkrechte BM, mache BM der BL gleich, oder der Linie, welche der niedergelegte Weiser auf FE von B aus abschneidet. Die Stundenlinien der Horizontaluhr verlängere man, wo es nöthig ist, bis an PQ, und ziehe an ihre Durchschnitte mit derselben von M aus die Linien MxI, Mx u. f.; auf der andern Seite von MB die Linien MI, MII u. f.

In

Die Gnomonik.

In dem Falle der Figur ist PQ parallel mit der Stundenlinie für $7\frac{1}{4}$ Uhr. Um diese Zeit also frühstens oder spätstens fängt die Fläche des Morgens an, und hört des Abends auf, von der Sonne auf der Mittagsseite beschienen zu werden, da die Schattenlinie alsdenn unendlich lang ist. Die Lage des Weisers zu bestimmen, ziehe man aus C auf PQ die senkrechte CN, und aus M an N die Linie MN, zeichne ein rechtwinklichtes Dreyeck MNC (Fig. 39.), in welchem die Katheten NC und MN den Linien NC, MN (Fig. 38.) gleich sind, so ist CMN der Winkel des Weisers mit der Uhrfläche, und das Dreyeck MNC wird mit der Seite MN senkrecht auf die verticale Uhrfläche über MN gestellt. Die entworfene Zeichnung wird hierauf in beliebiger Größe auf die Wand getragen. Die Linie MB wird lothrecht, der Punct M ist oben, B unten. Die Winkel der Stundenlinien mit MB müssen genau dieselben seyn wie in der Zeichnung, und der Weiser wird über MN, welche unter dem Winkel BMN an MB gelegt wird, nach dem Winkel NMC (Fig. 39.) eingesteckt. Die Einfassung der Uhr ist willkührlich.

272. Den Grund dieses Verfahrens einzusehen, stelle man sich die Zeichnung der Verticaluhr auf der Horizontaluhr lothrecht über PQ aufgerichtet, oder breche die ganze Figur in PQ nach einem rechten Winkel, so trifft der Weiser der Horizontaluhr die Verticaluhr in M, und die Schattenlinien gehen daher alle durch M, welches daher mit Recht als der Mittelpunct der Uhr angenommen ist. Da der Schatten des Weisers für irgend eine Stunde, z. B. 4 Uhr, die Durchschnittslinie PQ beider Uhren (die Contingenzlinie) in IV trifft, so geht der Schatten zu der gedachten Zeit durch MIV, und so auch zu jeder andern fällt

et in die dafür gezeichnete Schattenlinie. Weil CN horizontal ist, und auf CP senkrecht steht, so ist sie auch senkrecht auf die Verticalfläche, (Geom. 172. II.) und das Dreyeck CNM, worin in der rechtwinklicht gebrochenen Figur die Kathete CM der Weiser beider Uhren ist, ist bey N rechtwinklicht (Geom. 171.), und steht senkrecht auf die Verticalfläche (Geom. 171. II. 1.). Da das besonders gezeichnete Dreyeck CNM ihm gleich ist, so giebt die Seite desselben MC den Weiser ab, wenn es aber MN mit der Seite MN senkrecht gegen die Verticalfläche gestellt wird. — Die Linie MN heißt die Substylarlinie; diese ist nämlich allemahl der Durchschnitt einer auf die Uhrfläche durch den Weiser senkrecht gestellten Ebene mit jener Fläche. Die Linie MB der Uhrfläche ist lothrecht, weil sie auf die horizontale PQ senkrecht gezogen ist.

273. Uhren auf schiefliegenden Flächen zu zeichnen, kömmt fast gar nicht vor, die Aquinoctialuhren ausgenommen. Wenn die Ebene zwar gegen den Horizont geneigt ist, aber doch mit dem Meridian einen rechten Winkel macht, so ist die Verzeichnung dieselbe wie für eine Horizontaluhr; nur muß man den Winkel ihrer Mittagslinie mit der Erdaxe, welcher aus ihrer Neigung gegen den Horizont des gegebenen Orts sogleich gefunden wird, zur Polhöhe der Ebene annehmen. Diese Uhren nennt man geneigte Uhren (horologia inclinata et reclinata). Jede schiefliegende Ebene kann man als parallel mit der Horizontalfläche irgend eines Ortes ansehen. Es ist also nur nöthig, die Polhöhe und die Mittagslinie für eine solche Ebene zu finden, und die Sonnenuhr auf derselben wird wie in (266.) gezeichnet *).

274.

*) Wie durch Hülfe der stereographischen Projection Sonnenuhren sehr leicht, und auf geneigten Ebenen fast eben

274. Man kann auch auf den Sonnenuhren die krummen Linien zeichnen, welche der Endpunct des Schattens an dem ersten Tage eines jeden astronomischen Sonnenmonats (234.) beschreibt, so daß die Uhr zugleich ein astronomischer Kalender wird. Oder man zeichnet die krummen Linien, welche der Endpunct des Schattens beschreibt, wenn der Tag eine gewisse Länge hat, als 13, 14, 15, oder 9, 10, 11 Stunden. Auch kann man eine geographische Sonnenuhr machen, auf welcher den Schattenlinien die Namen merkwürdiger Städte, und die Zeit ihres Mittags nach der Uhr eines gegebenen Orts beygesetzt sind.

275. Nicht allein auf ebenen Flächen zeichnet man Sonnenuhren, sondern auch auf krummen. Eine Kugel, auf welcher man einen großen Kreis parallel mit dem Äquator gezogen, und diesen in 24 gleiche Theile für die Stunden eingetheilt hat, giebt eine sehr einfache ohne Weiser, indem die Gränze des erleuchteten und dunkeln Theils auf jenem Kreise die Stunden anzeigt. Ein Cylinder, dessen Axe parallel mit der Erdaxe gestellt ist, leistet eben dasselbige.

276. Einem senkrechten Cylinder giebt man einen Knauf, der sich in einer Vertiefung herumdrehen läßt, und einen horizontalen Stift als Weiser herumführt; dieser zeigt, wenn er nach dem Stande der Sonne im Thierkreise gestellt wird, auf gewissen längs der cylindrischen Fläche spiralisch gezogenen krummen Linien durch den Endpunct des Schattens die Stunde an.

277. eben so leicht als auf horizontalen gezeichnet werden, hab ich in der (203.) angeführten Schrift gezeigt.

277. Das gnomonische Kreuz zeigt, wenn es parallel mit der Fläche des Aequators gelegt wird, durch den Schatten, welchen die Ecken eines Arms auf den andern werfen, die Stunden.

278. Ein Sonnenring zeigt mittelst eines Sonnenstrahls, der in eine Oeffnung des Ringes fällt, auf der innern entgegengesetzten Seite die Zeit an.

279. Der Zeiger einer Horizontaluhr kann auch senkrecht seyn, nur muß er sich alsdenn dem Stande der Sonne am Himmel gemäß verschieben lassen, wenn der Schatten in die gezeichneten Stundenlinien richtig eintreffen soll. Man kann sie alsdann so einrichten, daß sie nicht allein die Stunden, sondern auch die Höhe der Sonne und die Abweichung derselben nach Osten oder Westen (das Azimuth) zu jeder Stunde, und die Zeit des Auf= und Unterganges der Sonne angeben. Diese sinnreiche Art heißt eine Azimuthaluhr.

280. Nicht weniger sinnreich ist die Verfertigung eines Quadranten, vermittelst dessen man aus der Höhe der Sonne die Zeit finden kann. Die nähere Beschreibung von beiden findet man in Hrn. Bode Astronomie §. 723 — 726.

281. Die Sonnenuhren können auch zu Mondsuhren dienen, nur muß man wissen, wie viel später oder früher der Mond durch den Meridian geht als die Sonne. Statt 12 Uhr muß man diese Zeit setzen, und darnach die andern Stunden gleichmäßig ändern. Da der Mond täglich 50 Min. sich verspätet (49.), oder so viel später als die Sonne zu dem Meridiane zu=

rück=

rückkehrt, so hat man für jeden Tag seit dem Neumonde 50 Min. mehr zu zählen, als der Mondsschatten angiebt. Zur Zeit des Vollmondes geben die Stunden der Uhr die Stunden vor und nach Mitternacht an. Nach dem Vollmonde rechnet man für jeden Tag nach demselben 50 Minuten mehr als der Mondsschatten anzeigt.

282. Eine Sternuhr ist ein kleines Werkzeug, welches aus dem Stande eines nicht weit von dem Pole befindlichen Sterns, als des letzten im Schwanze des kleinen Bären, die Zeit angiebt. Von beiden Arten Uhren ist mehrere Nachricht bey Hr. Bode am a. O. §. 727. zu finden.

Einige Bücher zur Astronomie.

1. Von den Weltkörpern, zur gemeinnützigen Kenntniß der großen Werke Gottes, von K. Schmid. Dritte verbesserte Aufl. Leipzig 1789. 8. Sehr dienlich, die ersten Begriffe von der Astronomie zu geben; der Vortrag lebhaft und sinnlich.

2. J. E. Bode, Erläuterung der Sternkunde und der dazu gehörigen Wissenschaften. Berlin 1778. 8. mit 18 Kupf. Das vollständigste und brauchbarste Handbuch; faßlich und doch genau. Eine neue Ausgabe kommt 1793 heraus.

3. Desselben Anleitung zur Kenntniß des gestirnten Himmels. Sechste Aufl. Berlin u. Leipz. 1792. 8. Die Hauptabsicht ist die Kenntniß der Sterne (Astrognosie); doch sind viele andere astronomische Lehren auf eine angenehme Art darin erläutert.

4. L. H. Röhls Einleitung in die astronomischen Wissenschaften. Greifswald 1768. 79. 2 Th. 8. Der zweyte Theil enthält die mathematische Geographie und die Chronologie.

5. J. A. von Segner astronomische Vorlesungen. Halle 1775. 1776. Zwey Theile, 4. Ein gründliches Werk, das aber Anstrengung erfordert. Die zur Astronomie nöthigen Lehren von den Eigenschaften der Ellipse und Parabel sind in dem ersten Abschnitte vorangeschickt. Zur physischen Astronomie giebt dieses Werk eine vorzügliche Anleitung.

6. Leçons d'Astronomie par *de la Caille*. Dritte Ausg. Paris 1761. vierte mit Anmerk. von de la Lande 1780. Eine lateinische Übersetzung, Wien 1757. und der Zusätze aus der dritten Ausgabe, 1762. Der Verf.

Verf. versetzt seinen Leser gleich anfangs in die Sonne, und läßt ihn da den Lauf der Planeten beobachten. Übrigens wird dieses Handbuch, wegen der großen praktischen Geschicklichkeit des Verfassers, denjenigen gute Dienste leisten, welche die nöthigen Elementarkenntnisse aus der Geometrie und Mechanik mitbringen.

7. Astronomie par *Jerôme le Français*. (la Lande). Troisieme édition revue et augmentée. à Paris 1792. 3 starke Quartbände. Die erste Ausgabe kam 1764 in 2 Bänden, die zweyte 1771 in 3 Bänden heraus, auf welche noch ein vierter folgte, der eine große Abhandlung über Ebbe und Fluth, und eine über den Ursprung der Sternbilder, von einem andern Verfasser, nebst zahlreichen Verbesserungen und Zusätzen enthält. Jene beiden Abhandlungen befinden sich nicht bey der dritten Ausgabe. — Dieses Almagest ist für den Anfänger und Geübten zugleich geschrieben, woraus freylich einige Unbequemlichkeiten entstehen. Es lassen sich auch sonst noch Erinnerungen gegen den Plan des Werks machen. Inzwischen ist es ein Hauptwerk, ein Schatz der ältern und der neuesten astronomischen Gelehrsamkeit. Hr. de la Lande hat sich durch viele eigene Untersuchungen um die Astronomie verdient gemacht.

8. Lulofs Einleitung zur mathem. und physikalischen Kenntniß der Erdkugel; übersetzt und mit Anmerkungen vermehrt von A. G. Kästner. Göttingen und Leipzig 1755. 4.

9. Mallets allgemeine oder mathematische Beschreibung der Erdkugel, aus dem Schwed. von Röhl. Greifsw. 1774. 4. Hiezu gehört

10. Bergmanns physikalische Beschreibung der Erdkugel, aus dem Schwedischen übersetzt von Röhl.

1ste Ausg. 1769. Zweyte doppelt so starke Ausgabe 1780. Ein wichtiges Werk.

11. Nouveau Traité de Navigation, par M. *Bouguer*, revu et abrégé par M. *de la Caille*, à Paris 1760. 8. Hr. de la Lande verspricht eine neue Ausgabe mit Anmerkungen. — Vollständiger und besser sind

12. *Robertson's* Elements of navigation. London 1754. und neuere Ausgaben, welche ich aber nicht zur Hand gehabt habe.

13. Röhls Anleitung zur Steuermannskunst. Greifswald 1778. 8. Deutlich und zweckmäßig.

14. Gatterers Abriß der Chronologie. Göttingen 1777. 8. Mit vorzüglicher Genauigkeit abgefaßt.

15. Neu vermehrte Welperische Gnomonika, 3te Ausg. Nürnberg 1708. Fol.

16. Penthers Gnomonik. Augsb. 1734. Fol. Lehrt die Handgriffe. Bücher über die Gnomonik hat man mehr, als man verlangt.

www.ingramcontent.com/pod-product-compliance
Lightning Source LLC
Chambersburg PA
CBHW021841230426
43669CB00008B/1037